Deepak Rawal

Breve descrição dos Quironomídeos (Diptera) da região de Udaipur (Rajastão)

Deepak Rawal

Breve descrição dos Quironomídeos (Diptera) da região de Udaipur (Rajastão)

ScienciaScripts

Imprint
Any brand names and product names mentioned in this book are subject to trademark, brand or patent protection and are trademarks or registered trademarks of their respective holders. The use of brand names, product names, common names, trade names, product descriptions etc. even without a particular marking in this work is in no way to be construed to mean that such names may be regarded as unrestricted in respect of trademark and brand protection legislation and could thus be used by anyone.

Cover image: www.ingimage.com

This book is a translation from the original published under ISBN 978-620-2-05060-9.

Publisher:
Sciencia Scripts
is a trademark of
Dodo Books Indian Ocean Ltd. and OmniScriptum S.R.L publishing group

120 High Road, East Finchley, London, N2 9ED, United Kingdom
Str. Armeneasca 28/1, office 1, Chisinau MD-2012, Republic of Moldova, Europe
Printed at: see last page
ISBN: 978-620-8-24353-1

ÍNDICE

<u>ABREVIATURAS</u>

AR   Antennal ratio (Length of basal segment/length of flagellum)

BLAST   Basic local alignment search tool

BOD   Biological oxygen demand

bp   Base pair

BR   Balbiani ring

BV   Beinvarhaltnisse value

          [Length of (femur+tibia+ta1)/length of ta2+ta3+ta4)]

cc   Cubic centimeter

CR   Costal ratio (length of costa/length of wing)

COD   Chemical oxygen demand

DDT   Dichlorodiphenyltrichloroethane

DNA   Deoxyribonucleic acid

et al   and others

FA   Frontal apotome

Fe   Femur

Hz   Hertz

HR   Hypopygium ratio (length of gonocoxite/length of gonostylus)

HV   Hypopygium value

          (Total length of body/length of gonostylus*10)

ICZN   International code of Zoological nomenclature

i. e.   That is

Kb   kilo byte

LC$_{50}$ Lethal concentration, 50%

LR   Leg ratio (length of ta1/length of tibia)

NCBI   National Center for Biotechnology Information

NOR   Nucleolar organizer region

PE   Pecten epipharyngis

ppm   Part per million

RNA   Ribonucleic acid

sp.   Species (singular)

spp.   Species (plural)

SV   Schenkel-Schiene-Verhaltnis value

            [Length of (femur+tibia)/length of ta1]

Ta   Tarsus

Ti   Tibia

viz   Namely

VMP   Ventro mental plate

VR   Venarum ratio

            (length of cubitus [wing vein)/length of media (Wing vein)]

w. m.   Whole mount

CAPÍTULO 1. INTRODUÇÃO

Os Quironomídeos, geralmente designados por mosquitos que não picam ou mosquitos cegos, são insectos aquáticos abundantes e cosmopolitas. Estima-se que tenham pelo menos 200 milhões de anos, remontando ao período Triássico (Ashe *et al,* 1987). Estão descritas cerca de 5.000 espécies em todo o mundo, mas as estimativas das espécies actuais variam até 20.000 (Ferrington *et al,* 2008). Os Quironomídeos são insectos holometábolos. O ciclo de vida médio dos Quironomídeos é de quatro semanas. O seu ciclo de vida inclui três fases de desenvolvimento aquático (ovo, larva e pupa) e uma fase de reprodução terrestre (adulto alado). A duração e as caraterísticas de cada fase de vida são específicas de cada espécie. Os machos adultos distinguem-se das fêmeas pela presença de antenas plumosas (penas). (Figura 1)

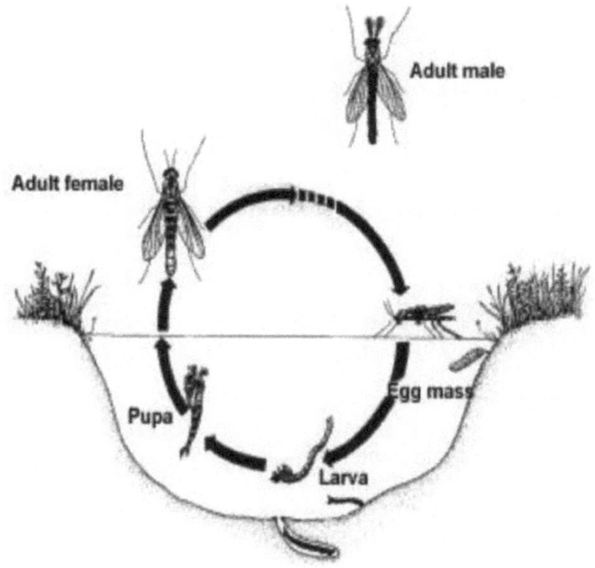

Figura 1: Diagrama esquemático do ciclo de vida dos quironomídeos (Cortesia: Armitage *et al,* 1995).

A classificação deste grupo de organismos é a seguinte:

Reino - Animalia

Filo - Arthropoda

Classe - Insecta/Hexapoda

Ordem - Diptera

Família - Chironomidae

Os quironomídeos assemelham-se aos mosquitos (Culicidae) e aos mosquitos que picam (Ceratopogonidae). Ao contrário dos Culicidae e Ceratopogonidae, as fêmeas de Chironomidae não picam devido à ausência de uma parte bucal perfurante e também não têm escamas nas asas. Os quironomídeos são um dos taxa de invertebrados aquáticos mais dominantes, ubíquos e diversificados em massas de água doce (Armitage *et al*, 1995). Os quironomídeos distribuem-se do Ártico ao Antártico e dos mares aos campos de neve permanentes. Os quironomídeos vivem nas zonas glaciares das montanhas mais altas, incluindo uma elevação até 5600 metros nos Himalaias (Kohshima, 1984; Saether e Willasse, 1987) e encontram-se activos a uma temperatura de -16°C (Linevich, 1963). Os quironomídeos são a principal fonte de alimento para grandes invertebrados predadores, peixes, anfíbios e aves (Hudson *et al*, 1990). Os quironomídeos desempenham um papel importante nas cadeias alimentares aquáticas, representando um elo importante entre os produtores, como o fitoplâncton, os consumidores primários e os consumidores secundários (Tokeshi, 1991). Os quironomídeos contribuem igualmente para o fluxo de carbono e de energia para os níveis tróficos superiores (Benson *et al*, 1980). As fêmeas dos quironomídeos depositam massas de ovos na margem da água, podendo cada massa de ovos conter 400-1000 ovos embebidos numa matriz espessa e gelatinosa.

Os quironomídeos vivem a maior parte da sua vida como larvas bentónicas que se alimentam do sedimento (Oliver, 1971). As larvas de quironomídeos têm quatro intervalos ou instares entre a eclosão do ovo e a transformação em pupa, perdendo o seu exoesqueleto (muda) no final de cada instar. O quarto instar, o maior, é a fase mais fiável para observar as caraterísticas distintivas dos diferentes géneros e espécies. A ecdysona induz a muda nos Quironomídeos. As larvas da maior parte dos quironomídeos eclodem dos ovos e, geralmente, vivem no fundo, formando tubos com a ajuda da secreção de proteínas da seda pelas glândulas salivares e absorvendo partículas de solo e matérias orgânicas do substrato do fundo. Algumas larvas de quironomídeos são vermelhas porque têm no seu corpo um pigmento vermelho da hemolinfa, análogo da hemoglobina.

As larvas de Quironomídeos encontram-se em todos os ecossistemas aquáticos, incluindo águas doces e águas do mar. Devido aos seus hábitos bentónicos, estas larvas estão diretamente expostas aos contaminantes presentes nos sedimentos durante o seu desenvolvimento. Os quironomídeos estão frequentemente associados a ecossistemas degradados ou de baixa diversidade, porque algumas espécies se adaptaram a condições anóxicas em águas poluídas. A elevada diversidade de espécies tem sido atribuída à capacidade de adaptação e à capacidade ecológica das larvas para sobreviverem em condições ambientais extremas. Algumas espécies podem tolerar as condições mais poluídas, ao passo que outras têm requisitos muito especiais e desaparecem rapidamente quando os seus habitats são sujeitos a stress. Por conseguinte, os quironomídeos possuem um potencial excecional para atuar como bioindicadores da saúde ambiental. Os fósseis de quironomídeos são utilizados pelos paleontólogos como indicadores de alterações climáticas passadas (Armitage *et al*, 1995).

No passado, a única coisa que tornava os quironomídeos famosos eram os cromossomas politénicos, que foram observados pela primeira vez nas glândulas salivares larvares de *Chironomus* midges por Balbiani em 1881 (Wikipedia). Os cromossomas politénicos estão presentes em vários tecidos de dípteros, incluindo as glândulas salivares, os túbulos de Mapighian e o epitélio do intestino médio e do intestino grosso (Michailova, 1989). Apesar de serem um grupo de organismos ubíquo, abundante e diversificado, as pessoas desconhecem estes insectos por algumas razões, tais como não serem vectores de qualquer doença, não picarem, não terem valor estético e não terem importância económica. No entanto, a sua importância como organismo não pode ser negada. Por isso, este estudo foi realizado para gerar informação e consciencialização sobre estes organismos nesta área.

ÁREA DE ESTUDO - REGIÃO DE UDAIPUR

Udaipur é uma cidade do estado de Rajasthan, na Índia. Esta cidade está situada na série montanhosa de Aravali. Os quatro locais de amostragem do presente estudo foram o lago Fatehsagar, o lago Pichola, o lago Udaisagar e o rio Ayad.

1. Lago Udaisagar - é um dos maiores lagos da região de Udaipur, construído pelo Maharana Udai Singh em 1559 e batizado com o seu nome. Este lago está situado no extremo sudeste da bacia. O lago formou-se após o represamento do rio Ayad. Tem 4 km de comprimento e 2,5 km de largura.

2. Lago Fatehsagar - Está situado no noroeste da cidade. Cobre uma área de cerca de 4 km^2. O lago foi construído no ano de 1678 e depois renovado em 1889 por Maharana Fateh Singh.

3. Lago Pichola - Este lago foi originalmente construído por alguns Banjara, no século XIVth e mais tarde foi alargado a Rang sagar e Swaroop sagar pelos sucessivos governantes de Mewar. Pichola situa-se a oeste da cidade. Tem uma extensão de água de 11 km^2 e uma profundidade máxima de 9 metros. O rio Kotra deságua no lago e o rio Sisarma, um afluente do rio Kotra, é a principal fonte de água do lago.

4. O **rio Ayad** - Berach, o principal afluente do rio Banas, nasce na cordilheira Girwa de Aravali, situada a norte da cidade de Udaipur. É designado por rio Ayad desde a sua nascente, passando por Bedla, até ao lago Udaisagar, no qual cai. É o principal rio da bacia de Udaipur. Para além de Udaisagar até à aldeia de Dabok, o rio percorre uma distância de cerca de 75,5 km e é designado por Udaisagar ka nala. Mais tarde, conhecido como Berach, percorre mais 70 km em direção a nordeste e, finalmente, funde-se com o rio Banas, perto de Bigod, no distrito de Bhilwara, que é um afluente do rio Chambal. O Chambal é novamente um afluente do rio Yamuna e o Yamuna é o principal afluente do rio Ganga.

CAPÍTULO 2. REVISÃO DA LITERATURA

O interesse dos seres humanos por estes dípteros remonta a dois séculos atrás, quando Balbiani, em 1881, relatou a existência de cromossomas politénicos nestes insectos. Desde então, estes insectos têm sido utilizados no campo do estudo científico como um organismo modelo ideal para o estudo dos cromossomas politénicos. Os nomes *Chironomus* (e *Tanypus)* foram designados por Meigen em 1803 e em 1908 os nomes *Tendipes* e *Pelopia* foram propostos por Hendel para conceitos idênticos a *Chironomus* e *Tanypus* (Wikipedia).

2.1 DIVERSIDADE DE QUIRONOMÍDEOS-

Ashe *et al* (1987) fizeram uma revisão da informação sobre a distribuição zoogeográfica de Chironomidae ao nível das subfamílias e dos géneros. Sete regiões zoogeográficas *viz:* Antárctica, Neárctica, Neotropical, Australásica, Afrotropical, Oriental e Paleártica incluem dez subfamílias de Chironomidae *viz.* Aphroteniinae, Orthocladiinae, Podonominae, Prodiamesinae, Tanypodinae, Buchonomyiinae, Cheilenomyiinae, Chironominae, Diamesinae e Telmatogetoninae. A família Chironomidae é um grupo cosmopolita de insectos cujos representantes se encontram em todas as regiões zoogeográficas do mundo. São poucas as zonas onde os Chironomidae podem ser considerados como estando ausentes. Os estádios imaturos da maioria das espécies de Chironomidae encontram-se em água doce, mas são conhecidas muitas espécies terrestres, marinhas e de água salobra. Ashe (1983) reconheceu 355 géneros válidos dentro das dez subfamílias de Chironomidae. Alguns desses géneros, embora tecnicamente válidos, são de estatuto incerto. Alguns dos géneros válidos foram entretanto sinonimizados com outros géneros e alguns géneros novos foram recentemente descritos. Foram registados representantes de seis subfamílias Telmatogetoninae, Tanypodinae, Podonominae, Diamesinae, Chironominae e Orthocladiinae em todas as regiões zoogeográficas. As restantes quatro subfamílias parecem ter uma distribuição mais restrita. Os Chilenomyiinae são conhecidos da região Neotropical, os Buchonomyiinae da região Paleártica e Oriental, os Aphroteniinae das regiões Neotropical, Afro tropical e Australásia e os Prodiamesinae das regiões Paleártica, Neárctica, Neotropical e Oriental. A fauna de quironomídeos da região oriental é a menos bem conhecida de todas as regiões zoogeográficas. Os adultos de muitas espécies descritas estão mal e incompletamente ilustrados e descritos, pelo que o reconhecimento de muitas espécies descritas ou mesmo novas é muito difícil. Os estádios imaturos foram largamente ignorados e são, na sua maioria, desconhecidos ou não descritos. Foi publicado um catálogo dos Chironomidae da região oriental (Sublette e Sublette 1973). É evidente, a partir deste catálogo, que muitas das espécies descritas nesta região por Kieffer, agora consideradas como *nomina dubia*, necessitam de ser reexaminadas e re-descritas de acordo com os métodos de diagnóstico e ilustração atualmente aceites. Nos últimos anos, Chaudhuri e colaboradores começaram a trabalhar na taxonomia da fauna do subcontinente indiano. Apenas duas das dez subfamílias (Chilenomyiinae e Aphroteniinae) não foram registadas nesta região e, atualmente, existem apenas quatro géneros, *a* saber *Neopodonomus, Asclerina, Eusmittia* e *Trichotendipes*, que são exclusivos desta região. A região oriental possui uma fauna de 348 espécies válidas (compiladas a partir do catálogo de Sublette e Sublette 1973, do registo zoogeográfico e de vários registos taxonómicos individuais). Chironominae, Orthocladiinae e Tanypodinae são os grupos dominantes com 181 (52%), 78 (22,4%) e 67 (19,2%) espécies, respetivamente, da região oriental. Foram registados representantes de alguns géneros (*por exemplo, Tanypus*) em fontes termais a temperaturas até 44,5°C (Thienemann 1954). Sabe-se que as espécies de *Parachironomus* são parasitas de gastrópodes, sendo *Parachironomus varus* Goetghebuer ectoparasita de *Physa frontinalis* Linnaeus e *Parachironomus varus limnaei* Guibe relatado como endoparasita de *Limnaea limosa* (Guibe 1942). As espécies de *Demeijerea* minam e alimentam-se de esponjas de água doce e briozoários (Neff e Benfield 1970) e algumas espécies de *Xenochironomus* minam esponjas (Pinder e Reiss 1983). *Polypedilum fallax* (Joh.) é relatado como parasita e predador de pupas de Trichopteran do género *Potamophylax* (Otto e Svensson 1981) e *Collartomyia* também parece ter um comportamento semelhante (Borkent 1984). *Dicrotendipes peringueyanus* Kieffer na África tropical é fórico em caranguejos de água doce *(Potamonautes)* e nunca foi encontrado em vida livre (Disney 1975).

Casas (1996) estudou o efeito da dieta no desenvolvimento e crescimento de larvas recémeclodidas de *Chironomus plumosus*. Verificou que os detritos derivados de algas bentónicas provaram ser o alimento de maior qualidade, produzindo uma taxa de crescimento mais elevada do que a dieta CPOM (matéria orgânica particulada grossa). Na dieta FPOM (matéria orgânica particulada fina) não se obteve um crescimento significativo na experiência. A dieta CPOM era constituída por detritos foliares na forma de discos foliares de 1,5 cm de diâmetro e a dieta FPOM era constituída por partículas foliares de tamanho inferior a 250 pm. Casas utilizou o software STATGRAPHICS (1994) para todas as análises estatísticas.

Dutta *et al* (1996) recolheram os adultos pertencentes a cinco géneros do complexo *Hernischia* em Duars dos Himalaias (Índia). Quatro espécies, *Cryptochironomus curryi* Mason, *Cryptochironomus ramus* Mason, *Dermicryptochironomus vulneratus* Zetterstedt e

Harnischia curtilamellata Malloch, são registadas pela primeira vez na Índia e quatro espécies, *Cryptochironomus acuminatus, Cryptochironomus gracilis, Harnischia minuta* e *paracladopelma diutinistyla*, são consideradas novas. É apresentada uma chave para as espécies indianas de *Cryptochironomus* Kieffer. É descrita a fêmea de *Cryptochironomus subovatus* Freeman, até agora desconhecida. Uma espécie japonesa *Demicryptochironomus chuzequartus* Sasa, 1984 é proposta como sinónimo de *Demicryptochironomus vulneratus* (Zetterstedt, 1838). Os materiais foram conservados em etanol (90%). Os espécimes foram montados segundo a técnica de Das e Gupta para exame da morfologia externa. Tipos e espécimes depositados na Coleção Zoológica Nacional, Calcutá.

Cranston (2006) referiu o *Xylochironomus kakadu, um* novo género e espécie de quironomídeo minador de madeira do norte da Austrália. Anteriormente conhecido por um código 'género desconhecido K1', as larvas extraem madeira macia imersa na Austrália tropical. Todo o material tipo está montado em Euparaland e depositado na Coleção Nacional Australiana de Insectos, CSIRO Entomology, Camberra, Austrália.

Pramual *et al* (2008) estudaram a citogenética populacional de *Chironomus circumdatus* Kieffer, 1921 da Tailândia. As larvas *de Chironomus* foram recolhidas em 24 populações de seis províncias do nordeste da Tailândia durante os meses de agosto a janeiro. As larvas foram fixadas no fixador de Carnoy (3:1, 95% etanol: ácido acético glacial). Os cromossomas politénicos das glândulas salivares foram preparados utilizando o método da aceto-orceína. Os padrões de bandas dos cromossomas politénicos foram lidos banda a banda em comparação com o mapa padrão dos cromossomas politénicos e as inversões cromossómicas foram registadas. A estrutura genética da população foi analisada através da estatística F de Wright, incluindo F_{IS}, as medidas do défice de heterozigotia na população, F_{ST} entre populações e F_{LT} o défice de heterozigotia na população em geral. As estatísticas F foram calculadas segundo o método de Weir e Cockerham (1984). Todas as análises acima referidas foram efectuadas com o software FSTAT (Groudet, 1995). A distância genética modificada (D_A) de Nei, baseada nas frequências de inversão, foi calculada para avaliar os níveis de diferenciação genética entre populações, utilizando o programa DISPAN (Ota, 1993). Foi utilizado um teste de Mantel (1967) para determinar a relação entre a distância genética (D_A) e a distância geográfica (log Km). Foi calculada uma árvore populacional UPGMA com base na D_A, utilizando MEGA 3.1 (Kumar *et al.*, 2004). A relação entre a frequência de inversão e as condições ambientais foi examinada utilizando a correlação de Pearson. Um total de 1505 larvas de 24 populações foram analisadas citologicamente. Foram encontradas 12 inversões cromossómicas proeminentes e a maioria destas (9 de 12) eram inversões raras. Todas as populações estavam em equilíbrio de Hardy-Weinberg. A análise da estrutura genética da população mostra uma diferenciação genética significativa entre as populações (F_{ST}= 0,037, P<0,001). A distância geográfica foi o principal fator que limitou o fluxo genético entre as populações. A distância genética modificada de Nei (D_A) entre as populações varia de 0,001 a 0,011 com uma média de 0,003. Um fenograma populacional UPGMA mostra a relação entre as populações com base nos valores DE D_A, revelando três grupos de populações, os grupos I, II e III, cada um distinguido por diferentes frequências de inversão/inversão. A correlação significativa da inversão pode ter um papel importante na adaptação a um habitat com temperaturas elevadas.

Ebrahimnezhad e Fakhri (2005) fizeram o estudo taxonómico das larvas de Chironomidae do rio Zayandehrood, no Irão. Estudaram também os efeitos de factores ecológicos selecionados na sua abundância e distribuição. Efectuaram um estudo exaustivo sobre a identificação das larvas de Chironomidae nas águas correntes do país, em especial nos grandes rios. As amostras foram recolhidas em 9 locais e foram selecionadas manualmente no laboratório, tendo sido identificadas ao nível genérico utilizando as chaves de identificação disponíveis. Para estudar os efeitos de locais e estações e de factores ecológicos selecionados na abundância e distribuição das larvas de Chironomidae, os dados foram analisados utilizando uma ANOVA de duas vias.

Morais *et al* (2010) estudaram a diversidade de larvas de Quironomídeos litorâneos e seu papel como bioindicadores em reservatórios de diferentes níveis tróficos situados na bacia do rio Paraopeba, afluente da bacia do rio São Francisco; o reservatório de Serra Azul, o reservatório de Vargem das flores e o reservatório de Ibirite (Brasil). Ao longo da zona litorânea de cada reservatório, foram coletadas 30 amostras utilizando amostrador Eckman-Birge (0,0225m^2). As amostras foram recolhidas em sacos de plástico e transportadas para o laboratório, tendo sido lavadas em peneiras com malhas de 1 mm e 0,5 mm (Larsen *et al.*, 1991). As amostras de água sub-superficial foram recolhidas com garrafas Van Dorn, para a medição dos parâmetros físicos e químicos. Os parâmetros físicos e químicos da água de superfície (pH, condutividade eléctrica, temperatura, oxigénio dissolvido e turvação) foram medidos in situ, utilizando um analisador múltiplo e um aparelho portátil (YSI). O disco de Secchi foi utilizado para medir a profundidade da zona trófica. Para a medição do fósforo total, do azoto total e dos ortofosfatos, foram recolhidas 30 amostras de água de cada albufeira e transportadas para o laboratório em garrafas de polietileno refrigeradas. Estas medições foram efectuadas de acordo com os métodos padrão para o exame da água e das águas residuais (APHA, 1992). As larvas de quironomídeos foram tratadas com uma solução de lactofenol a 10% e identificadas ao microscópio (400x) com o auxílio de chaves taxonómicas (Trivinho e Strixino 1995; Epler 2001). Todos os Quironomídeos recolhidos foram analisados. A falta ou excesso de dentes, malformação dentária, assimetria, fusão e combinações dessas caraterísticas foram contabilizadas como deformidades. O índice de equitabilidade de Pielou, o índice de diversidade de Shannon, a densidade de organismos (indivíduos/m^2) e a riqueza taxonómica (número total de taxa em cada amostra) foram calculados para avaliar a estrutura das assembleias de Quironomídeos. Uma ANOVA (software STATISTICA for Windows 5.1) dos dados sobre a composição das assembleias de quironomídeos foi utilizada para detetar se havia diferenças significativas entre os três reservatórios. Foi feita uma análise de cluster (software Primer 6 beta 2004) para avaliar a similaridade na composição taxonómica das assembleias presentes nos três reservatórios. O índice de Bray-Curtis e o UPGMA (unweighted pair group method with arithmetic mean) foram utilizados como método de amalgamação. Utilizando as três albufeiras como grupos, foi efectuada uma análise de espécies indicadoras (Dufrene e Legendre 1997) utilizando o software PC-Ord (versão 3.11, 1997) para determinar os taxa indicadores para cada albufeira. Os potenciais taxa indicadores para cada albufeira foram estabelecidos através de uma análise de espécies indicadoras. *Fissimentum* foi considerado o táxon indicador em Serra Azul, enquanto *Pelomus* foi o táxon indicador em Vargesm das flores e *Chironomus* em Ibirite.

Lencioni *et al* (2011) estudaram a distribuição e a biodiversidade de Chironomids em nascentes alpinas e pré-alpinas pristinas (Norte de Itália). Foi recolhido um total de 173 amostras de macro invertebrados, nas quais foram contados 26 871 quironomídeos (incluindo larvas, pupas, exúvias pupais e adultos). Foram identificadas cinco subfamílias (Tanypodinae, Diamesinae, Prodiamesinae, Orthocladiinae e Chironominae), 54 géneros e 104 espécies/grupos de espécies. Como esperado, Orthocladiinae representou uma grande parte dos espécimes (82%), seguido de Diamesinae (10%), Tanytarsini (6%) e Tanypodinae (2%). Em conjunto, Chironominae e Prodiamesinae contribuíram com menos de 0,05% da fauna. As larvas representaram 97,5% dos espécimes, ocorrendo maioritariamente a uma altitude intermédia (900-1200 a. s. l.).

Xin Qi *et al* (2012) descreveram uma nova espécie do género *Microtendipes* Kieffer, Microtendipes *zhejiangensis* sp. n. da China oriental. Também forneceram a chave para os machos desta espécie. O material examinado foi montado em lâminas seguindo o procedimento de Saether (1969). Os espécimes foram depositados na Faculdade de Ciências da Vida, Universidade de Nankai, China e na Faculdade de Ciências da Vida, Universidade de Taizhou, China.

Ragonha *et al* (2013) observaram a influência da disponibilidade da linha de costa na densidade e riqueza de larvas de Chironomidae em lagos de planície de inundação neotropical do alto rio Paraná. O índice de desenvolvimento da linha de costa foi criado para lagos temperados. No entanto, os lagos neotropicais têm formações geológicas diferentes, por isso propuseram um índice modificado. Eles descobriram que havia uma forte relação positiva entre o índice de desenvolvimento da linha de costa e a densidade de Chironomid (R2=0,37; P<0,001). Também encontraram uma relação positiva entre o índice de desenvolvimento da linha de costa e a riqueza de Chironomid (R2=0,45; P<0,001).

Michailova *et al* (2013) registaram uma nova espécie denominada *Chironomus amissum* do sudeste do Brasil. Eles descreveram sua larva, pupa, imago (macho) e cariótipo. O cariótipo pertence ao citocomplexo psedothummi com 2n=8 e combinação de braços cromossómicos: AE BF CD G. Os espécimes de larva, pupa e adulto para análise morfológica foram montados em lâminas em meio Euparal após clarificação em solução de hidróxido de potássio a 10%. Para a análise cariológica, as larvas de 4th instar foram fixadas em álcool/ácido acético-3:1. As preparações do cromossoma politénico foram obtidas a partir de esmagamentos de células das glândulas salivares coradas com aceto-orceína (Michailova 1989). Todas as preparações foram depositadas no Instituto de Investigação da Biodiversidade e dos Ecossistemas, Academia de Ciências da Bulgária, Sófia.

Chavan *et al* (2013) estudaram a taxonomia do género *Chironomus* da cordilheira de Balaghat, no distrito de Beed, em Maharashtra. Ilustram as caraterísticas taxonómicas de *Chironomus circumdatus, Chironomus javanus, Chironomus riparius* e *Chironomus stigmaterus.* As larvas foram recolhidas aleatoriamente na zona de estudo e conservadas em álcool a 70-80%. As larvas foram mantidas em KOH a 10% durante 8-12 horas. Depois de limpas, as larvas foram passadas em água destilada (5 min), depois em ácido acético glacial (10 min), 2-propanol (15 min) e depois montadas diretamente em bálsamo do Canadá. Fotografia do espécime tirada através da câmara Olympus no microscópio Magnus MLXTr com uma ampliação de 10x, 40x e 100x. Todas as medições foram analisadas através do software Magnus Pro. Os espécimes estão depositados no Laboratório de Investigação Entomológica, Universidade Dr. Babasaheb Ambedkar Marathwada, Aurangabad, Maharashtra, Índia.

Ebrahimnezhad e Allabakhshi (2013) estudaram as larvas de Chironomid do rio

Golpayegan (Isfahan, Irão). As amostras foram recolhidas em cinco locais do rio Golpayegan e identificadas a nível genérico utilizando as chaves de identificação disponíveis. Foram identificados 35 géneros em quatro subfamílias, incluindo Chironominae (15 géneros), Orthocladiinae (13 géneros), Tanypodinae (5 géneros) e Diamesinae (2 géneros). 17 géneros destes foram registados pela primeira vez no rio Golpayegan.

Xing Li e Xin-hua Wang (2014) registaram uma nova espécie, *Metriocnemus calcaneum* sp. n. da China. Também forneceram a chave para os machos desta espécie. O material foi montado em lâminas em bálsamo do Canadá, seguindo o procedimento descrito por Saether (1969). Os tipos e outro material examinado encontram-se na Faculdade de Ciências da Vida, Universidade de Nankai, China.

Siri e Brodin (2014) descreveram uma nova espécie, *Rheochlus latisetus* sp. nov. a partir de descrições de adultos machos e fêmeas da Argentina. Eles também ilustraram e emendaram três espécies previamente conhecidas de *Rheochlus* Brundin, 1966. Apresentaram também uma análise cladística do género *Rheochlus* dentro da tribo Podonomini. Os espécimes de *Rheochlus latisetus* sp. nov., o holótipo de *Rheochlus prolongatus*, os parátipos de *Rheochlus insignis* e *Rheochlus wirthi* foram montados em lâminas de bálsamo do Canadá. O holótipo, o alótipo e os parátipos de *Rheochlus latisetus* foram depositados na coleção do Museo de La Plata, Argentina (MLPA). Material de *Rheochlus insignis, Rheochlus prolongatus, Rheochlus wirthi* e um parátipo de *Rheochlus latisetus* estão depositados no Museu Sueco de História Natural, Estocolmo, Suécia (SMNH). Para a análise cladística, 32 caracteres diferentes foram codificados como não aditivos e analisados com o programa TNT versão 1.1 (Goloboff *et al.* 2008a) segundo critérios óptimos.

Baranov *et al.* (2014) erigiram um novo género de Podonominae, *Palaeoboreochlus* Baranov e Anderson n. gen. com base em *Palaeoboreochlus inornatus* Baranov *et* Anderson n. sp. descrito a partir de um macho encontrado no âmbar de Rovno do Eoceno tardio da Ucrânia. O novo género foi agrupado com *Boreochlus* Edwards na tribo Boreochlini. O fóssil foi estudado com um microscópio Nikon Optiphot 2. Os desenhos foram feitos com a ajuda de um tubo de desenho e processados no Adobe Photoshop CS5. As fotografias foram tiradas com a ajuda de um microscópio Leica DM 400B LED, utilizando uma câmara compacta Leica DFC 450C. O tipo encontra-se depositado no I. I. Schmalhausen Institute of Zoology, National Academy of Science of Ukraine, Kiev (SIZK), Ucrânia.

Paul N *et al* (2014) descreveram as fases imatura e adulta de *Monopelopia mongpuense* sp. n. de fitotelmata de Cedrus deodara em Darjeeling, juntamente com notas biológicas. Foi também apresentada uma chave para os machos adultos de todas as espécies do género *Monopelopia* Fittkau. Este género foi registado pela primeira vez no subcontinente indiano.

Xin Qi *et al* (2015) descobriram duas novas espécies de *Stenochironomus* Kieffer em Zhejiang, China. As espécies recém-descobertas foram designadas por *Stenochironomus brevissimus* e *Stenochironomus linanensis.* Os seus machos adultos foram ilustrados. Verificaram que *Stenochironomus brevissimus* pode ser separado das espécies conhecidas por ter uma volsela superior curta e pequena, espatulada, com duas cerdas longas, enquanto *Stenochironomus linnanensis* pode ser facilmente separado das outras espécies por diferentes caracteres, como asas transparentes, corpo amarelo, volsela superior em forma de dedo, nove cerdas longas, volsela inferior alongada com quatro cerdas longas e um espinho terminal bem desenvolvido. Também fornecem chaves para os machos de *Stenochironomus* encontrados na China.

Das *et al* (2015) estudaram as fases de vida de oito novas espécies de *Chironomus* Meigen dos Himalaias orientais da Índia. Estas oito novas espécies são *Chironomus acutus, Chironomus alternus, Chironomus clavipenus, Chironomus confectus, Chironomus culterus, Chironomus fortibracchius, Chironomus hemicyclius* e *Chironomus lurilatus.* Fornecem também chaves para os machos adultos destes *Chironomus.*

Parise *et al* (2016) descobriram uma nova espécie, *Stenochironomus falcifer* da Mata Atlântica no sul do Brasil. Eles descobriram que esta espécie pode ser separada de todas as outras espécies de *Stenochironomus* Kieffer, 1919 por sua pigmentação única no tórax, com duas manchas escuras nas vittae laterais, postnotum acastanhado e listras escuras no Scutum e também pela combinação de um ponto anal estreito e de lados paralelos, volsella inferior com uma seta apical robusta, margem posterior arredondada do tergito IX e olhos metálicos verdes.

Chaudhuri *et al* (2001) compilaram uma lista de controlo dos Quironomídeos do subcontinente indiano. Inclui 313 espécies de 60 géneros em quatro subfamílias. As quatro subfamílias são Diamesinae, Tanypodinae, Orthocladiinae e Chironominae. Os tipos e parátipos da Índia e do Butão encontram-se na National Zoological Collections (NCZ) do Zoological Survey of India, em Calcutá. Os investigadores examinaram estes tipos mas, infelizmente, a maioria está representada apenas por fragmentos e não foi útil para determinar as posições sistemáticas das espécies; por conseguinte, esta lista de controlo foi preparada com base em trabalhos publicados. Uma lista alfabética de 60 géneros é a seguinte

Subfamília - Tanypodinae

Tribo - Pentaneurini

Género - *Ablabesmyia* Johansen

Género - *Conchapelopia* Roback

Género - *Paramerina* Fittkau

Género - *Rheopelopia* Fittkau

Tribo - Procladiini

Género - *Djalmabatista* Fittkau

Género - *Procladius* Skuse

Tribo - Tanypodini

Género - *Tanypus* Meigen

Tribo - Coelotanypodini

Género - *Clinotanypus* Kieffer

Subfamília - Diamesinae

Tribo - Boreoheptagyiini

Género - *Boreoheptagyia* Brundin

Tribo - Diamesini

Género - *Diamesa* Meigen

Subfamília - Orthocladiinae

Género - *Allotrissocladius* Freeman

Género - *Brillio* Kieffer

Género - *Bryophaenocladius* Thienemann

Género - *Chaetocladius* Kieffer

Género - *Cricotopus* van der Wulp

Género - *Eukiefferiella* Thienemann

Género - *Heterotrissocladius* Sparck

Género - *Indoctadius* Chaudhuri e Bhattacharyay

Género - *Limnophyes* Eaton

Género - *Metriocnemus* van der Wulp

Género - *Nasuticladius* Freeman

Género - *Orthoclaius* van der Wulp

Género - *Paracricotopus* Thienemann e Harnisch

Género - *Parakiefferiella* Thienemann

Género - *Parametriocnemus* Goetoghebuer

Género - *Paraphaenocladius* Thienemann

Género - *Pseudoorthocladius* Goetghebuer

Género - *Pseudosmittia* Goetghebuer

Género - *Rheocricotopus* Thienemann e Harnisch

Género - *Smittia* Holmgren

Subfamília - Chironominae

Tribo - Chironomini

Género - *Beckidia* Saether

Género - *Chironomus* Meigen

Género - *Cladopelma* Kiefffer

Género - *Cryptochironomus* Kieffer

Género - *Demicryptochironomus* Lenz

Género - *Dicrotendipes* Kieffer

Género - *Einfeldia* Kieffer

Género - *Endochironomus* Kieffer

Género - *Gillotia* Kieffer

Género - *Glyptotendipes* Kieffer

Género - *Harnischia* Kieffer

Género - *Kiefferulus* Goetghebuer

Género - *Kribiocosmus* Kieffer

Género - *Lauterborniella* Thienemann e Bause

Género - *Microchironomus* Kieffer

Género - *Microtendipes* Kieffer

Género - *Nilodorum* Kieffer

Género - *Paracladopelma* Harnisch

Género - *Paratendipes* Kieffer

Género - *Polypendilum* Kieffer

Género - *Stenochironomus* Kieffer

Género - *Strictochironomus* Kieffer

Género - *Trichotendipes* Guha, Das, Chaudhuri e Choudhuri

Género - *Xenochironomus* Kieffer

Tribo - Tanytarsini

Género - *Bernh ardia* Datt e Chaudhuri

Género - *Clado tanytarsus* Kieffer

Género - *Microespectro* Kieffer

Género - *Paratanytarsus* Thienemann e Bause

Género - *Rheotanytarsus* Thienemann e Bause

Género - *Tanytarsus* van der Wulp

De acordo com a mesma lista de controlo, atualmente só estão registadas na Índia 111 espécies de 10 géneros. A lista é a seguinte

Tribo CHIRONOMINI

Género *Chironomus* Meigen

atrosignatus Kieffer. Índia: Calcutá.

brevistylus Guha, Das, Chaudhuri e Choudhuri): Índia : Wright Myo.

callichirus Kieffer. Índia: Calcutá.

callithorax Kieffer. Índia: Amangarh.

callinotus Kieffer. Índia; Abjulagarh.

circumdatus Kieffer. Taiwan: Tainan.

choricus Kieffer. Índia: Barogh.

costatus Johannsen. Indonésia: Butenzorg.

curtitarsis Kieffer. Índia: Calcutá.

dolichotomus Kieffer. Índia: Pumea.

filitarsis Kieffer. Índia: Calcutá.

fortistylus Chaudhuri, Das e Sublette. Índia: Darjeeling.

glauciventris Kieffer. Taiwan: Doi Inthanon.

incertipes Chaudhuri. Índia: Barasat.

kiiensis Tokunaga. Japão: Seto.

leptochirus Kieffer. Índia: Canning.

lobaticeps Kieffer. Índia: Calcutá.

longivalvis Kieffer. Índia: Calcutá

mayri n.sp. Índia: Gopiballavpur.

melanostictus Kieffer. Índia: Phagu.

melanochirus Kieffer. Índia: Phagu

macrogaster Kieffer. Índia: Nainital,

niger Chaudhuri, Das e Sublette, Índia: Barasat.

nigromarginatus Kieffer. Índia: Ilha de Gopkuda.

nudipes Kieffer. Índia: Calcutá.

oriplanus Kieffer. Índia: Theog.

ornatissimus Kieffer. Índia: Calcutá.

pulcher Wiedemann. Quénia: Kyambu.

ramosus Chaudhrui, Das e Sublette. Índia: Satgachia.

samoensis Edwards. Upolu: Apia.

sexpunctatus Kieffer. Índia: Calcutá.

sinensis Guha e Chaudhuri. China: Lago Harm (Tibete) *striatipennis* Kieffer. Índia: Bhimtal.

tainanus Kieffer. Taiwan: Tainan.

uttarpradeshensis Singh e Kulshrestha. Índia: Agra.

validus Kieffer. Indonésia: Formosa.

viridiventris Kieffer. Myanmar: Mandalay.

vitellinus Freeman. Austrália: Darwin

Género *Cryptochironomus* Kieffer

acuminatus Dutta e Chaudhuri. Índia: Hashimara.

bulbosus Guha, Das, Chaudhuri e Choudhuri. Índia: Wright Myo.

calyxus Guha, Das, Chaudhuri e Choudhuri. Índia: Wright Myo.

curryi Mason, Canadá: Saskatchewan.

fulvus Johannsen. Estados Unidos: Nova Iorque.

gracilis Dutta e Chaudhuri. Índia: Rajabhatkhawa.

judicius Chaudhuri e Chattopadhyay. Índia: Uttarpara.

polius Kieffer. Índia: Kasauli.

ramus Mason. Canadá: Saskatchewan.

rostratus Kieffer. Polónia: Silésia.

subovatus Freeman. África do Sul: Província do Cabo.

Género *Einfeldia* Kieffer

arcuta n.sp. Índia: Darjeeling.

ocellata Hashimoto. Japão: Komadorinkoike.

pagana Meigen. Bélgica: Liege.

synchrona Oliver. Canadá: Ontário.

Género *Endochlronomus* Kieffer.

ampliceps Dutta. Índia: Dalsingapara.

Morena Kieffer. Índia: Madhupur.

effusus Dutta. Índia: Chalsa.

pekanus Kieffer. Taiwan,

Género *Glyptotendipes* Kieffer

atrophus Kieffer. Índia: Calcutá.

barbipes Staeger. Dinamarca: Copenhaga.

crassispims n.sp. Índia: Burdwan.

fumilatus n.sp. Índia: Asansol.

melanostolus Kieffer. Índia: Ganjam.

oriplanus Kieffer. Índia: Simla.

orissae Kieffer. Índia: Puri.

pilosus Dutta e Chaudhuri. Índia: Birpara.

sinusus n. sp. Índia: Asansol.

verrucosus Kieffer. Índia: Bhim Tal.

Género *Harnischia* Kieffer.

acuta Goetghebuur. Congo: Vitshumi.

atrophus Kieffer. Índia: Calcutá.

curtimellata Malloch. Estados Unidos: South Haven. *incidata* Townes. Estados Unidos: Oklahoma City minuta Dutta e Chaudhuri.Índia: Jayanti.

orissae Kieffer. Índia: Puri.

tenuitubercula Chaudhuri e Chattopadhyay. Índia: Farakka.

virudula Linnaeus. Suécia?

Género *Microtendipes* Kieffer

callicomus Kieffer. Índia: Calcutá.

semicylis n. sp. Índia: Pasighat

Género *Paratendipes* Kieffer

brecimsticus n. sp. Índia : Pashighat.

digraphis Kieffer. Índia: Simla.

dolens Kieffer. Índia: Calcutá.

hirsutus Guha e Chaudhuri. Índia: Pasighat.

lahulensis Singh. Índia: Kulti Nal e Lahul.

maculipennis Dutta e Chaudhuri. Índia: Chalsa.

pelagrus Kieffer. Índia: Calcutá.

penicilliceps Dutta e Chaudhuri. Índia: Birpara.

unimaculipennis Chattopadhyay e Chaudhuri. Índia: Shilong.

Género *Polypedilum* Kieffer

Subgénero *Pentapedilum* Kieffer *convexum* Johannsen. Indonésia: Siagaol,Samosir.

kuluensis Kulshrestha. Índia: Kulu.

macrotrichium Guha e Chaudhuri. Índia: Burdwan.

robusticeps Guha e Chaudhuri. Índia: Bastar.

uncinatum Goetghebuer. Bélgica: Vinderhaute.

Subgénero *Polypedilum* Kieffer

alticola Kieffer. Quénia: Fort Hall.

angustiforceps Kieffer. Bihar: Katihar.

ascium Chaudhuri, Guha e Das Gupta. Índia: Bolpur.

hrumale Kieffer. Índia: Giridih.

centisetum Hazra, Mazumdar e Chaudhuri. Sikkim: Tadong

circulum Chaudhuri e Chattopadhyay. Índia: Kalyani.

edensis Ree e Kim. Coreia do Sul: Seul.

fasciatipemis Kieffer. Índia: Calcutá.

flagellatum Chaudhuri, Guha e Das Gupta. Índia: Raniganj.

insignum Chaudhuri e Dutta. Arunachal Pradesh: Pasighat.

insolitum Chaudhuri, Guha e Das Gupta. Índia: Digha.

medivittatum Tokunaga. Japão: Ulimang.

milnei Kieffer. Índia: Behrampur.

nigroforceps Kieffer. Himachal Pradesh: Chandan Chowki.

nubifer Skuse. Austrália: Berowra.

nudiceps Chaudhuri, Guha e Das Gupta. Índia: Darjeeling.

tasmandus Glover. Austrália: Grande Lago, Tasmânia.

uniagisextus Sasa. Japão: Lago Unagi.

unilinearis Glover. Austrália: Delvin Pond.

verbosus Mazumdar e Chaudhuri. Índia: Kakdwip.

Género *Parapsectra* Reiss

firmistyla n.sp. Índia: Ladakh.

2.2 ECOLOGIA DOS QUIRONOMÍDEOS-

Pfenninger e Nowak (2008) observaram o isolamento reprodutivo e a partição do nicho ecológico entre as larvas das espécies irmãs morfologicamente crípticas *Chironomus riparius* e *Chironomus piger*. Mostraram que estas espécies irmãs morfologicamente crípticas dividem os seus nichos devido a um certo grau de distinção ecológica e a um isolamento reprodutivo total no terreno.

Henry e Santos (2008) investigaram a importância da excreção de azoto e fósforo por larvas de Chironomidae num pequeno reservatório eutrófico. As taxas de excreção de amónio e fosfato pelas larvas de Quironomídeos de tamanho pequeno (6-10mm) foram significativamente mais elevadas do que as dos Quironomídeos de tamanho médio (9-11mm) e grande (11-16mm). Considerando a biomassa média (34mg.m^{-2}) de *Chironomus,* a área do lago (88156 m^2) e as taxas médias de excreção, a contribuição dos Chironomids bentónicos para as cargas internas seria de 181kg de P e 147kg de N. Estes valores mostraram que as cargas internas por excreção das larvas de Chironomid correspondem a ~33% das cargas externas de fósforo no lago e, no caso do azoto, a apenas 5%.

Ozkan *et al* (2010) efectuaram uma análise ecológica das larvas de Chironomid na bacia do rio Ergene (Trácia turca) no seu estudo. Descreveram as propriedades físico-químicas da água e analisaram a relação entre as comunidades de Chironomid e os factores ambientais. As amostras de quironomídeos larvares foram recolhidas com uma pinça de Ekman (15cm*15cm) e depois lavadas através de um peneiro de 0,5 mm e conservadas em etanol a 70% antes da identificação. Chernovskii (1961), Fittkau (1972), Beck e Beck (1969), Bryce e Hobart (1972), Saether (1977), Fittkau e Reiss (1978), Moller-Pillot (1978-1979; 1984), Fittkau e Roback (1983), Sahin (1984,1987,1991), Sahin *et al* (1988). Os trabalhos de Armitage *et al* (1995) e Epler (2001) foram utilizados para identificar taxonomicamente as larvas ao nível mais baixo. A avaliação da abundância das espécies (número de indivíduos/m^2) e o valor da riqueza específica permitiram-lhes determinar o índice de Shannon. Alguns parâmetros físico-químicos como a temperatura da água, o pH e a condutividade foram medidos aquando da amostragem das larvas. As amostras de água recolhidas pelo amostrador de água Ruttner foram levadas para o laboratório para medir os outros parâmetros, incluindo o oxigénio dissolvido (utilizando o método de Winkler), a CBO e a CQO, o Ca^{++} , o Mg^{++} , o Cl^{-1} , o NO^2 , o NO^3 e o $PO4^{-3}$, utilizando métodos titrimétricos e espectrofométricos clássicos (Egmen e Sunlu, 1999). Os graus de qualidade da água nos locais de amostragem foram determinados utilizando as normas nacionais de qualidade da água (SKKY, 2004). A correlação entre os dados do número de larvas e os factores físico-químicos foi determinada estatisticamente utilizando o índice de correlação de Spearman no SPS 9.0 para Windows. Além disso, as semelhanças na composição das larvas foram determinadas utilizando o índice de Bray-Curtis em termos de locais de amostragem e tipos de sedimentos. Verificou-se que o enriquecimento em nutrientes dos sedimentos influenciou fortemente a estrutura da assembleia de Chironomidae. De acordo com o índice de Shannon, a diversidade de espécies da bacia foi encontrada como H'=1,41 em média. O índice de Spearman indicou que foram encontradas correlações significativas entre as densidades larvares de quironomídeos e alguns parâmetros ambientais, tais como a condutividade (r=0,708), o oxigénio dissolvido (r=+0,810), a CBO (r=+0,822) e a CQO (r=+0,805) para P<0,05.

Bhaduri *et al* (2011) estudaram a resposta das larvas de Chironomid às condições ambientais. Correlacionaram a poluição por metais pesados em corpos aquáticos e a incidência de aberrações cromossómicas em *Chironomus striapennis* Kieffer. Os cromossomas observados nas células das amostras recolhidas nos corpos de água poluídos revelaram a presença de cromossomas politénicos polimórficos.

Eggermont e Heiri (2012) analisaram a natureza da relação entre os Chironomídeos e a temperatura com base nas provas ecológicas disponíveis. Depois de discutirem muitos dos estudos que descrevem a distribuição dos taxa de Chironomidae nos sedimentos da superfície dos lagos em relação à temperatura, examinaram as provas de estudos laboratoriais e de campo que exploram os efeitos da temperatura na fisiologia, no ciclo de vida e no comportamento dos Chironomidae. Estas conclusões sugerem que os efeitos indirectos da temperatura nas caraterísticas físicas e químicas dos lagos desempenham um papel importante na determinação da distribuição das larvas de Chironomidae que vivem nos lagos. No entanto, também demonstraram que não foi identificado um mecanismo indireto único que possa explicar a forte relação entre a distribuição dos Chironomidae e a temperatura em todas as regiões e bases de dados atualmente disponíveis.

Midya *et al* (2012) estudaram o efeito do chumbo como metal pesado no habitat aquático para promover o polimorfismo dos cromossomas politénicos em *Chironomus striatipennis* Kieffer. As larvas da espécie eclodidas dos ovos foram cultivadas em meios contendo diferentes doses de nitrato de chumbo, tais como 5, 10, 15 e 20 mg de Pb (NO3)2 misturado com solo nos tabuleiros de cultura. As larvas foram então cultivadas nesses meios de cultura misturados com Pb durante um período de tempo, de modo a obter a larva de quarto instar. Os cromossomas politénicos preparados a partir das larvas de 4th instar totalmente crescidas revelaram cromossomas politénicos polimórficos nas suas células das glândulas salivares. Asinapsia, deleções heterozigóticas e inversões foram as causas da ocorrência de polimorfismo. Isto indica que o Pb nos meios de cultura desenvolve condições insalubres com as quais as larvas lidam reorganizando a constituição genómica e tais rearranjos foram observados pelo aparecimento de cromossomas politénicos aberrantes.

Ebau *et al* (2012) investigaram a toxicidade aguda do cádmio e do chumbo em larvas de duas espécies de quironomídeos tropicais, *Chironomus kiiensis* Tokunga e *Chironomus javanus* Kieffer. Concluíram que o cádmio era mais tóxico para os Chironomídeos do que o chumbo e que *Chironomus javanus* era significativamente mais sensível a ambos os metais do que *Chironomus kiiensis* (P<0,05).

Rico e Quesada (2013) descreveram a ecologia e a distribuição de duas espécies nativas de quironomídeos antárcticos, *Parochlus steinenii* e *Bélgica antarctica,* ambas encontradas na Península Byers (Ilha Livingston, Ilhas Shetland do Sul). As amostras de quironomídeos em riachos e lagos da Península de Byers foram recolhidas durante várias expedições, quer com uma rede de mão (malha de 200 pm) por Kick ou sweep sampling, quer com um amostrador Surber (malha de 200 pm e superfície de 30*30 cm). Os quironomídeos foram fixados no campo com formaldeído a 4% e posteriormente conservados em etanol a 70%. Algumas amostras foram processadas *in vivo* no laboratório, onde os animais foram conservados diretamente em álcool absoluto ou congelados para análise isotópica. Análise isotópica[13] C foi efectuada utilizando um analisador elementar Carlo Erba 1108 acoplado a um espetrómetro de massa de razão isotópica micromass isochrome em modo de fluxo contínuo. Os estudos isotópicos mostram um regime de alimentação não seletivo para ambas as espécies com fontes de carbono mistas associadas a ambos os biofilmes/mantas microbianas. *O Parochlus steinenii* habita lagos do planalto central da Península de Byers, associado a musgos aquáticos no fundo dos lagos e em alguns cursos de água da zona da praia sul. Alguns riachos têm populações estáveis que conseguem completar o seu ciclo de vida, enquanto outros riachos têm populações temporárias instáveis. *A Belgica antarctica* também habita riachos que correm através de musgos localizados na zona da praia do Sul. Esta espécie tem uma capacidade de dispersão limitada. Ambas as espécies coexistem na Península de Byers e partilham alguns troços de cursos de água.

Vedamanikam *et al* (2013) observaram os efeitos de quatro metais pesados - cobre, cádmio, mercúrio e zinco - em cinco espécies de larvas *de Chironomus viz: Clunio gerlachi; Paramerina minima; Gymnometriocnemus mahensis; Tanypus complanatus* e *Larsia pallidissima* presentes na ilha de Mahe, nas Seicheles. Estas espécies são endémicas da ilha. Foram expostas a quatro metais pesados durante um período de 96 horas e os valores LC50 foram calculados. Os sais metálicos selecionados para esta investigação foram o cloreto de zinco, o cloreto de mercúrio, o cloreto de cobre (II) e o cloreto de cádmio (II). Todos os sais metálicos eram de qualidade analítica fornecidos pela MERCK, Alemanha. Foram preparadas soluções de reserva de um grama por litro para cada metal. O teste de determinação da gama consistiu numa série de sete concentrações que diferiam por um fator de 10%. Todos os ensaios foram realizados com três réplicas e com controlos. Foram selecionados recipientes de teste com volumes de 600 ml para a execução dos bioensaios. Cada câmara foi preenchida com 400 ml de água desclorada. Para cada metal, foram atribuídos nove recipientes de ensaio, oito dos quais para as concentrações de metal e um para o controlo. Os parâmetros ambientais foram monitorizados durante o período de 96 horas. No final de cada ensaio, os dados de mortalidade foram compilados e os valores LC50 para 96 horas foram calculados utilizando o programa de toxicidade Spearman-Karber aparado. Observou-se que a espécie mais sensível de larvas *de Chironomus* foi *Gymnometriocnemus mahensis*. A forma menos sensível de larvas *de Chironomus* examinada foi a *Paramerina minima*. Os valores LC50 de 96 horas obtidos para *Tanypus complanatus* para Cu, Cd, Hg e Zn foram 1,9, 1,35, 0,33 e 28,96 ppm, respetivamente. Foram obtidos resultados semelhantes noutras espécies estudadas.

Silveira *et al* (2013) analisaram a colonização de Quironomídeos durante a decomposição de folhas de *Eichornia azurea* em um lago no sudeste do Brasil em duas estações do ano. Verificaram que a atividade alimentar combinada com a alta densidade larval é um fator inevitável que contribui para a rápida decomposição das folhas de *Eichornia azurea*. Eles concluíram que o processo de sucessão ao longo da cadeia de detritos de *Eichornia azurea* foi mais importante na estruturação da assembléia de larvas de Chironomidae do que as variações sazonais.

Hyoung-ho *et al* (2013) observaram os efeitos da temperatura da água no desenvolvimento e na toxicidade de metais pesados em duas espécies, *Chironomus riparius* e *Chironomus yoshimatsui*, na era atual de rápidas alterações climáticas. Estas duas espécies apresentam caraterísticas de desenvolvimento e respostas diferentes ao cádmio e ao chumbo em função da temperatura. Verificou-se um declínio no tempo de desenvolvimento de ambas as espécies com a temperatura. No ensaio de toxicidade aguda, os valores LC50 de 48 horas para o cádmio e o chumbo diminuíram com a temperatura para ambas as espécies. No ensaio de toxicidade crónica, as taxas de emergência tenderam a diminuir com a temperatura, exceto quando *Chironomus yoshimatsui* foi exposto ao cádmio.

Plociennik *et al* (2016) descobriram os padrões ecológicos das assembleias de Chironomidae na nascente Dynaric Karst na Polónia. Apresentam uma análise ecológica das comunidades de Chironomidae registadas num conjunto de 27 nascentes. A CCA indica que o fundo duro e as altitudes são os principais factores que determinam as comunidades de quironomídeos. Os factores secundários que influenciam as comunidades são a concentração de oxigénio e a condutividade.

2.3 **FILOGENIA DOS** QUIRONOMÍDEOS-

As filogenias das subfamílias foram analisadas cladisticamente utilizando a parcimónia de Saether (2000). A análise de parcimónia foi efectuada utilizando PAUP 3.1.1 (Swafford, 1993) e MacClade 3.06 (Maddison e Maddison, 1996) num Power Macintosh 8200/120. Os cladogramas foram comparados utilizando MacClade 3.06. O cladograma preferido é apresentado a seguir:

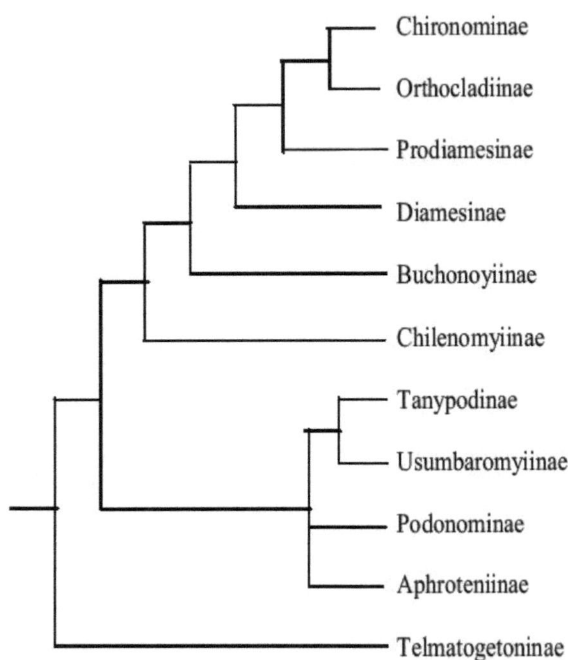

Muito provavelmente, todas as subfamílias de Chironomidae podem ser colocadas numa das três semifamílias Telmatogetoninae, Tanypodinae ou Chironominae. As colocações de Chilenomyiinae e Usumbaromyiinae são, no entanto, altamente provisórias e necessitam de confirmação através da morfologia do estádio imaturo.

Gusev *et al* (2014) fizeram a sequenciação comparativa de *Polypedilum nubifer* e *Polypedilum vanderplanki,* e encontraram sinais genómicos de uma capacidade extrema de tolerância à dessecação no mosquito *Polypedilum vanderplanki.* Descobriram que o genoma desta espécie contém especificamente os grupos de genes com várias cópias que transcrevem produtos que actuam como escudos moleculares. O genoma possui vários grupos de genes com elevada semelhança com proteínas protectoras conhecidas. A comparação dos padrões de expressão de ortólogos entre duas espécies de quironomídeos comprova a existência de sistemas de expressão de genes específicos da dessecação em *Polypedilum vanderplanki.* Este estudo mostrou a estreita associação de Chironomidae com Culicidae e Drosophilidae (Figura 2).

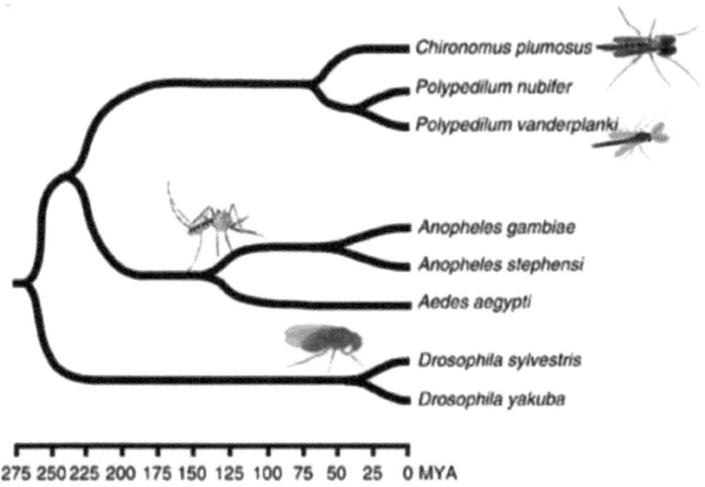

Figura 2: Árvore filogenética que mostra a relação entre quironomídeos e outros dípteros. (Cortesia: *Nature Communications*, 2014)

Sari *et al* (2015) investigaram a relação entre Chironomidae utilizando o gene mitocondrial CO1 para avaliar a filogenia de Chironomidae da Turquia. Foram obtidos dados de 70 espécies de Chironomidae pertencentes aos géneros *Ablabesmyia, Chironomus, Cladotanytarsu, Dicrotendipes, Endochironomus, Eukiefferiella, Kiefferulus, Macropelopia, Microspectra, Microtendipes, Paracladopelma, Paracricotopus, Paratanytarsus, Paratendipes, paratrichocladius, Polypedilum, Psectrocladius, Psectrotanypus, Rheocricotopus, Tanytarsus, Thienemannimyia, Virgatanytarsus e Zavrelimyia.* Foram utilizadas análises de vizinhança e de máxima verosimilhança para identificar as relações entre as espécies.

Montagna *et al* (2016) investigaram a taxonomia integrada e o código de barras de ADN dos Chironomidae alpinos. O seu estudo centrou-se principalmente nas larvas do género *Diamesa* Meigen. Foi obtido um fragmento do gene mitocondrial CO1 de 112 larvas, pupas e adultos *(Orthocladiinae, Diamesinae e Tanypodinae)* que foram recolhidos em diferentes montanhas dos Alpes e Apeninos. Com base em parâmetros morfológicos, 102 espécimes foram atribuídos a 16 espécies e as restantes 10 espécies foram identificadas ao nível do género. A delimitação molecular das espécies foi efectuada utilizando vários modelos. Os códigos de barras de ADN tiveram um desempenho elevado: a exatidão média foi de ~89% e a precisão de ~99%. Com base neste estudo, podemos concluir que a identificação molecular é uma ferramenta promissora que pode ser adoptada na avaliação da biodiversidade de cursos de água de altitude.

2.4 ALIMENTAÇÃO, CRESCIMENTO, LOCOMOÇÃO E REPRODUÇÃO-

John Brackenbury (2000) observou a locomoção em larvas e pupas de *Chironomus plumosus*. A locomoção das *larvas* e pupas *de Chironomus plumosus* foi registada a fim de determinar de que forma as diferentes técnicas de locomoção estão relacionadas com os padrões de ativação muscular e com o estilo de vida e comportamento específicos destes juvenis. As larvas apresentaram três modos independentes de atividade locomotora: natação, rastejamento e respiração de corpo inteiro. A ondulação respiratória e a natação envolvem a utilização de ondas corporais metacrónicas que se deslocam na direção da cabeça para a cauda. Enquanto a natação é efectuada por flexões laterais de todo o corpo, a ondulação respiratória utiliza uma onda sinusoidal. O rastejar parece resultar de um programa independente de ativação muscular. Em vez de uma onda metacrónica de flexão do corpo, transmitida longitudinalmente, um arqueamento simultâneo do corpo, combinado com o uso alternado dos pseudópodes abdominais e protorácicos como pontos de ancoragem, dá uma forma de locomoção análoga ao looping das lagartas. A natação das larvas tem uma velocidade e um ritmo definidos e é uma manobra de locomoção do tipo "tudo ou nada", mas o programa neural que controla o rastejar das larvas é adaptável; a mudança de um substrato menos escorregadio para um mais escorregadio produziu um padrão de passos mais curto e mais rápido. A pupa apresenta dois modos de natação, a cambalhota e a ondulação do corpo inteiro como uma enguia, sendo a primeira principalmente uma manobra de fuga breve e a segunda uma forma mais rápida de locomoção utilizada para levar a pupa à superfície antes da emergência do adulto. A videografia dos movimentos das larvas e pupas foi efectuada com um sistema de vídeo de alta velocidade NAC 400 com iluminação estroboscópica sincronizada, gerando 400 imagens por segundo. Foram tiradas imagens adicionais de alta resolução com uma câmara de vídeo Panasonic com uma velocidade de fotogramas normal de 25 por segundo. Utilizando um estroboscópio (Drelloscop 1018, Drelloscop Alemanha) a 50 Hz, foi possível duplicar a velocidade de captação de imagens para 50 campos por segundo, tendo sido obtidas duas imagens separadas para cada campo binário que normalmente constitui um único fotograma. Os dados foram registados num leitor de vídeo. Os perfis corporais e as trajectórias de natação foram traçados à mão diretamente a partir do ecrã de vídeo. Os valores experimentais são apresentados como média ± 1 erro padrão. Os valores emparelhados foram comparados para detetar diferenças significativas utilizando o "teste t" com um nível de significância de 5%. No total, foram examinadas ~ 50 larvas e 20 pupas, com uma média de 3-4 medições por parâmetro e por animal.

Halpern *et al* (2002) examinaram o comportamento protetor dos tubos larvares *de Chironomus luridus* contra o sulfato de cobre. Uma cultura de laboratório de um mosquito israelita, *Chironomus luridus*, foi exposta ao CuSO4. Foram testadas duas condições em experiências de bioensaio, uma dentro de tubos de lodo e outra com larvas sem tubos. O corante fluorescente, fluoresceína, foi utilizado para examinar o efeito da concentração subletal de sulfato de cobre na permeabilidade dos epitélios cuticulares, branquiais e intestinais dos quironomídeos. O aumento da permeabilidade celular, que é a causa dos danos celulares, foi demonstrado por um aumento da intensidade da fluorescência. Após a exposição ao sulfato de cobre, verificou-se uma fluorescência mais elevada em diferentes compartimentos do corpo: intestino médio, intestino grosso, brânquias traqueais, corpo adiposo, músculos e túbulos de Malpighi. O efeito foi significativamente mais elevado nas larvas sem tubo quando comparadas com as larvas com tubo de lodo. Os autores concluíram que, para além das suas outras funções de alimentação, respiração e abrigo anti-predação, o tubo de *Chironomus luridus* protege as suas larvas de toxinas como o sulfato de cobre.

Pery *et al* (2002) apresentaram modelos para relacionar a alimentação com o crescimento, a emergência e a reprodução do *Chironomus riparius*. Os modelos baseavam-se em três pressupostos. O primeiro pressuposto era que a relação comprimento/largura se mantém constante durante o crescimento. Este pressuposto foi designado por isomorfismo. O segundo pressuposto era que os custos energéticos de manutenção, como as perdas devidas à respiração, são muito inferiores aos do crescimento durante os instares larvares. O terceiro pressuposto era que o comprimento máximo existente pode ser diferente para machos e fêmeas. Nas suas experiências, verificaram que a) O peso médio diário aumenta em função da alimentação diária. b) O padrão de crescimento em comprimento com alimentação *ad libitum* aumenta em função do tempo. c) O padrão de crescimento em comprimento para duas dietas e três densidades iniciais está positivamente correlacionado. d) Existe uma correlação positiva entre a dieta e o número de ovos dados pela fêmea.

Henriques *et al* (2003) observaram o comportamento alimentar das larvas de Chironomidae presentes no Rio-da-Fazenda, (Rio de Janeiro, Brasil). Restos de animais, detritos, algas, fungos, pólen, fragmentos de folhas, fragmentos de madeira e lodo foram os principais conteúdos intestinais encontrados nas larvas estudadas. O principal alimento ingerido pelas larvas foi o detrito, com exceção do *Stenochironomus,* cuja principal fonte de alimento foram fragmentos de folhas e madeira. Os Tanypodinae apresentam uma grande quantidade de restos de animais de diversos tipos na dieta. Durante o período, observou-se que a dieta de 16 géneros (de um total de 24 estudados) variava. Os Tanypodinae tinham principalmente matéria orgânica particulada grossa (>1mm) no conteúdo intestinal, enquanto os Chironominae e os Orthocladiinae tinham matéria orgânica particulada fina (<1mm).

Habashy (2005) investigou a criação de larvas de Chironomid em condições de laboratório para estudar a taxa de crescimento (peso e comprimento) das larvas de Chironomid sob diferentes sistemas de alimentação. Foram utilizados três tipos de alimentos: o primeiro foi Tetramin em flocos, um alimento comercial para peixes (D1), o segundo foi algas (*Scenedesmus* sp., D2) e o terceiro[rd] foi levedura de padeiro (D3). As larvas tinham um comprimento inicial médio de 1,5 mm e um peso médio de 0,99 pg. Foram efectuadas três réplicas para cada tratamento. As três dietas tiveram um efeito significativo (P<0,05) tanto no peso como no comprimento das larvas de Chironomid, mas as larvas alimentadas com D1 apresentaram o peso e o comprimento mais elevados, representados por 36,68 µg e 9,29 mm, respetivamente. Em seguida, as larvas alimentadas com D3 apresentaram 7,03 mm de comprimento e 31,03 µg de peso, enquanto D2 apresentou o valor mais baixo tanto para o comprimento (6,28 mm) como para o peso (27,08 µg). A percentagem mais elevada de proteínas (51,15%) registou-se nas larvas alimentadas com D1, seguidas das alimentadas com D3 (49,45%), enquanto as larvas alimentadas com D2 apresentaram o valor mais baixo de proteínas (26,45%).

Sanseverino e Nessimian (2008) estudaram a alimentação de larvas de Chironomidae em serapilheira submersa num riacho da Mata Atlântica (Rio de Janeiro, Brasil). Para estudar os hábitos alimentares, analisaram o conteúdo intestinal de 23 géneros de larvas de Chironomidae e Orthocladiinae. Algas, fungos, pólen, matéria orgânica particulada, lodo e fibras vegetais foram registados nos intestinos das larvas. A matéria orgânica particulada foi a fonte de alimento predominante e, de acordo com o teste de distribuição do qui-quadrado, a proporção de itens alimentares consumidos pelas larvas mostrou uma variação sazonal, exceto para *Stenochironomus.* O maior tamanho (280µm) de partícula alimentar ingerida foi registado para *Xestochironomus* e o menor (10µm) para *Lepiscladius.Um* dendrograma de análise de agrupamento revelou que os grupos de géneros foram separados de acordo com a estação do ano em que foi observado o menor tamanho de partícula alimentar. O dendrograma foi feito por agrupamento UPGMA (método de grupos de pares não ponderados com médias aritméticas) desta matriz resultante comNTSYS- PC 1.7.

2.5 ANATOMIA DOS QUIRONOMÍDEOS-

Richardi *et al* (2015) avaliaram a anatomia de *Chironomus sancticaroli.* Eles fornecem descrições anatômicas de muitos órgãos das larvas de *Chironomus sancticaroli.* Para isso as larvas foram fixadas em solução de Duboscq para insetos a 56°C, seguido de processamento histológico de rotina, infiltração em parafina e secções foram coradas por Hematoxilina-Eosina. Após a análise das lâminas, foram descritos histologicamente o tubo digestivo, a glândula salivar, os sistemas circulatório, excretor, nervoso, endócrino, tegumentar e o corpo adiposo (Figura 3). A seguinte descrição histológica de *Chironomus* foi feita por Richardi *et al-*

Sistema digestivo - O trato digestivo estende-se da boca ao ânus, estando dividido em três regiões: intestino anterior, intestino médio e intestino posterior. O esófago é a primeira região do tubo digestivo. O esófago termina nos cecos gástricos. O intestino grosso é composto pelo íleo e pelo reto. O íleo e o reto têm uma estrutura semelhante à do esófago, constituída por uma camada muscular circular espessa e um revestimento fino de células epiteliais com dobras em forma de dedo. As glândulas salivares são estruturas grandes e emparelhadas localizadas no segmento torácico. As células têm núcleos grandes com cromossomas politénicos e o citoplasma é basófilo.

Sistema excretor - esta espécie contém quatro túbulos de Malpighi, ligados ao intestino anterior. Estes túbulos são banhados por hemolinfa. O epitélio é composto por uma única camada de células com um grande núcleo excêntrico.

Sistema nervoso - O sistema nervoso central é constituído pelo cérebro e pela medula nervosa ventral com gânglios torácicos e abdominais. O cérebro é bilobado, localizado acima do esófago, estando organizado em camadas cortical (exterior) e medular (interior). O córtex é constituído por corpos celulares e a medula por axónios.

Sistema circulatório - o coração está situado dorsalmente no 7th ao 9th segmento abdominal. Os óstios abrem-se e permitem a entrada da hemolinfa. A aorta situa-se dorsalmente sobre o trato digestivo.

Corpo adiposo - é o local de síntese do análogo da hemoglobina (Bergtrom *et al.* 1976). O corpo adiposo pode ser dividido em corpo adiposo parietal e visceral. O corpo adiposo parietal está situado entre a epiderme e os músculos, enquanto o corpo adiposo visceral está localizado perto dos órgãos internos.

Integumento - epiderme constituída por uma única camada de células revestidas por uma cutícula espessa e não celular. A cutícula pode ainda dividir-se em exocutícula externa e endocutícula interna.

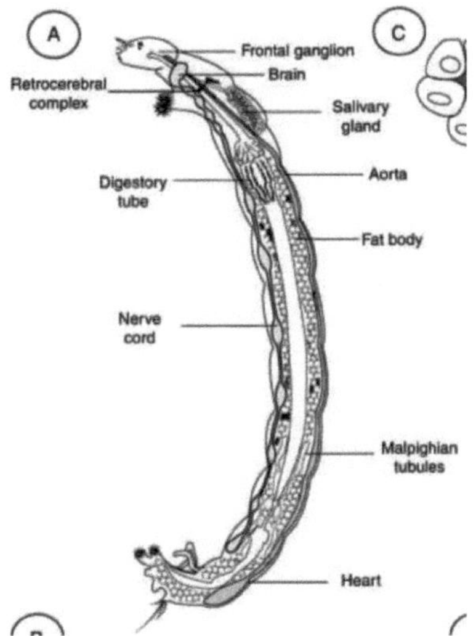

Figura 3: Diagrama esquemático mostrando a anatomia dos Quironomídeos (Cortesia: *Rev. Brasil. Entomol,* 2015).

2.6 CITOLOGIA E GENÉTICA DOS QUIRONOMÍDEOS-

Os cromossomas politénicos foram observados pela primeira vez nas glândulas salivares larvares de *Chironomus* midges por Balbiani (1881). Desde então, os quironomídeos são utilizados como organismos modelo para o estudo dos cromossomas. No passado, a capacidade de muitas larvas de quironomídeos sobreviverem em condições de baixa concentração de oxigénio atraiu a atenção, tendo-se geralmente considerado que esta capacidade estava relacionada com a posse de hemoglobina. Este ponto de vista baseava-se, no entanto, em provas experimentais insuficientes. Zavrel (1942) é de opinião que a hemoglobina actua como uma reserva de oxigénio a ser utilizada pelo animal em períodos de escassez de oxigénio.

A função da hemoglobina nas larvas de *Chironomus thummi* foi estudada experimentalmente por Harnisch (1936), utilizando o método do monóxido de carbono. A respiração dos animais não tratados foi comparada com a dos animais em que o transporte de oxigénio pela hemoglobina foi impedido por tratamento com monóxido de carbono. As diferenças encontradas nas taxas respiratórias devem, portanto, dar uma medida da quantidade de oxigénio transportado pelo pigmento. Harnisch estudou animais normais (animais O2) e animais que tinham sido previamente sujeitos a uma grave carência de oxigénio (animais N2). Descobriu que, no primeiro caso, com a saturação do ar, a hemoglobina não é utilizada no transporte de oxigénio, entrando em ação apenas com baixas concentrações de oxigénio. No caso dos animais N2, a taxa de consumo de oxigénio é superior à dos animais normais e concluiu que, a 17°C, a hemoglobina das larvas *de Chironomus* provenientes de águas bem arejadas não funciona no transporte de oxigénio à saturação do ar, mas apenas no transporte de oxigénio a uma pressão de oxigénio inferior a 3 cc por litro. Nas suas experiências, utilizaram o método micro-Winkler para a determinação do teor de oxigénio.

O estudo da composição de bases dos ácidos nucleicos nos cromossomas, segmentos cromossómicos, nucléolos e citoplasma das células das glândulas salivares *de Chironomus* foi efectuado por Edstrom e Beermann (1962). A composição de bases do ARN de cromossomas politénicos isolados individualmente, de segmentos cromossómicos inchados, de nucléolos e do citoplasma de células das glândulas salivares *de Chironomus* foi determinada por microeletroforese. Foram também obtidos dados sobre a relação adenina: guanina do ADN cromossómico. Os resultados mostraram que: Os RNAs cromossómico, nucleolar e citoplasmático variam significativamente entre si na composição de bases. Os RNAs nucleolares e citoplasmáticos, apesar da diferença, apresentam grandes semelhanças no que respeita à composição de bases, sendo ambos ricos em adenina e uracilo. O ARN derivado do cromossoma I difere significativamente dos ARN derivados de diferentes segmentos do cromossoma 4 e estes últimos diferem significativamente entre si. O ARN cromossómico não revela uma simetria de bases em nenhum dos casos investigados, nem o conteúdo de guanina+citosina é o mesmo que o do ADN.

A demonstração da determinação do sexo genético em *Chironomus* foi feita pela primeira vez por Beermann (1955) no seu relatório de sequências de inversão limitadas ao sexo masculino em várias populações de *Chironomus tentans* e *Chironomus pallidivitattus*. Diferentes populações de *Chironomus tentans,* possivelmente representando raças geograficamente isoladas, apresentam dois mecanismos génicos diferenciados de determinação do sexo, envolvendo um fator determinante masculino dominante no braço esquerdo do cromossoma 1 ou um fator determinante feminino dominante na extremidade direita do cromossoma 1. Nos cruzamentos entre estas populações, o fator determinante masculino é epistático em relação ao fator determinante feminino. Não foram encontradas provas de intersexualidade nestes cruzamentos. Para a determinação do sexo através da constituição cromossómica, as larvas de último instar foram examinadas através das suas gónadas em desenvolvimento, tal como descrito por Wuelker e Goetz (1968). É especialmente interessante que, na combinação de fortes factores masculinos e femininos, a sexualidade seja masculina e a fertilidade seja essencialmente normal.

Bergtrom *et al* (1976) descobriram que o corpo adiposo é o principal local de síntese de hemoglobina em *Chironomus thummi*. Nas suas experiências, as larvas de quarto instar de *Chironomus thummi* foram incorporadas com aminoácidos marcados *in vivo* e em cultura de órgãos. Os produtos secretados na hemolinfa ou no meio de cultura foram examinados por eletroforese em gel de acrilamida. Nove bandas electroforéticas foram resolvidas como hemoglobina sem coloração. Os resultados da cultura de glândulas salivares isoladas, intestino e corpo adiposo demonstraram que o corpo adiposo é o principal local de síntese e secreção de hemoglobina. O corpo adiposo, que é de origem mesodérmica, sintetiza tanto o heme como a globina da hemoglobina *de Chironomus*.

O tecido intestinal, incluindo os túbulos de Malpighi, também sintetiza e segrega uma pequena quantidade de hemoglobina (cerca de 5% do total segregado pelo intestino e pelo corpo adiposo do mesmo animal *in vivo*).

Manwell (1966); Wulker *et al* (1966); Laufer e Polyhowich (1971) e outros demonstraram que os padrões electroforéticos da hemoglobina larvar mudam com o desenvolvimento. Estas alterações estão temporariamente relacionadas com a muda e a metamorfose e podem, portanto, estar sob o controlo regulador das hormonas de muda *(por exemplo,* ecdysone). Embora o corpo adiposo dos dípteros superiores (*por exemplo*, Drosophila) sofra histólise aquando da metamorfose e seja substituído por um novo órgão no adulto, tal pode não ser o caso nos dípteros inferiores, como *Chironomus* e *Aedes.* O corpo adiposo larvar e adulto *de Chironomus* é um e o mesmo órgão com uma população celular homogénea, que funciona para segregar dois produtos proteicos principais, a hemoglobina e as vitelogeninas, cada um numa fase diferente do ciclo de vida do inseto.

Arndt-Tovin *et al* (1983) confirmaram a presença de ADN Z-esquerdo em bandas de cromossomas politénicos fixados em ácido de *Chironomus thummi* e *Drosophila melanogaster.* Nas suas experiências, os anticorpos para o ADN na confirmação da mão esquerda ligam-se a cromossomas politénicos fixados em ácido tanto de *Chironomus thummi* como de *Drosophila melanogaster*, como demonstrado por imunofluorescência direta e indireta. A comparação dos padrões de contraste de fase, imunofluorescência e coloração de ADN mostra uma localização predominante do anticorpo nas regiões de elevado contraste e densidade de ADN. Uma afirmação alternativa é que a conformação Z-DNA à esquerda está presente numa frequência de 0,02-0,1%. As diferenças medidas reflectem variações na densidade local dos sítios de Z-DNA e não na afinidade pelo anticorpo específico, que parece ser relativamente constante em todos os cromossomas. Estas observações, juntamente com os resultados de estudos biofísicos sobre as propriedades do Z-DNA em solução, sugerem que as regiões de ADN na conformação canhota podem estar envolvidas na organização estrutural de ordem superior dos cromossomas e, possivelmente, na modulação do seu estado funcional.

Rovira *et al* (1991) descobriram uma sequência de ADN repetitivo associada aos centrómeros de *Chironomus pallidivittatus.* Um clone contendo ADN associado ao centrómero de *Chironomus pallidivittatus* foi obtido por microdissecção e microclonagem. Hibridiza-se com a extremidade centromérica de um cromossoma e exclusivamente com regiões dos três cromossomas metacêntricos restantes, nos quais os centrómeros foram previamente localizados por razões citológicas. Nas posições metacêntricas, a hibridação pode ser atribuída a bandas finas. O clone contém repetições em tandem de 155 pb e regiões flanqueadoras curtas presentes em todos os centrómeros. As experiências de titulação mostram que os quatro centrómeros juntos contêm 200 kb de repetições de 155 pb por genoma. Cada repetição contém duas repetições invertidas em torno de uma região que contém apenas pares de bases AT, uma caraterística com alguma semelhança com elementos funcionalmente essenciais no centrómero *de Saccharomyces cerevisiae.*

Postma *et al* (1994) estudaram os efeitos interactivos da toxicidade do cádmio e encontraram limitações no mosquito *Chironomus riparius* durante a exposição crónica em experiências laboratoriais. Se o alimento fosse fornecido *ad libitum,* tanto o tempo de desenvolvimento larvar como a mortalidade das larvas eram negativamente afectados pela concentração de cádmio de 2,0-16,2 µg/L. O número de ovos depositados por fêmea e o tempo médio de vida das imagos não foram afectados pelo cádmio. A integração destes efeitos separados numa taxa de crescimento da população mostrou uma redução clara com o aumento da concentração de cádmio.

Belikov e Wieslander (1994) verificaram que as estruturas da cromatina em células das glândulas salivares de *Chironomus tentans* se conservam melhor sob fixação em etanol a 70%.

Morcillo e Diez (1996) estudaram o efeito do choque térmico em *Chironomus thummi.* Verificaram que, em caso de temperaturas elevadas, os cromossomas politénicos *de Chironomus thummi* induzem uma estrutura gigante semelhante a um anel de Balbiani no telómero direito do cromossoma III, denominado T-BR III. Para além do T-BRIII, outros telómeros podem aparecer adicionalmente inchados, mas de uma forma bastante invariável. A temperatura necessária para induzir T-BRs varia entre 33°C e 37°C, enquanto as larvas são cultivadas a 18°C no laboratório. A formação de T-BR envolve atividade transcricional, que pode ser detectada por diferentes métodos. A marcação local em todo o T-BR induzida após um curto impulso com [^{3}H] uridina significa, sem dúvida, transcrição nesta estrutura sob choque térmico. Os T-BRs apresentam semelhanças com o locus 93D em *Drosophila*.

Michailova *et al* (2001) investigaram os efeitos genotóxicos do crómio nos cromossomas politénicos de *Chironomus riparius*. Foi testada a exposição crónica a três concentrações diferentes de crómio (III) nos cromossomas politénicos de larvas de *Chironomus riparius*, desde a fase embrionária até ao quarto instar larvar, durante duas gerações sucessivas. Nos cromossomas AB, CD, EF e G, foram detectadas diferenças significativas de aberrações cromossómicas entre as larvas expostas e as larvas de controlo, bem como alterações na atividade funcional. Não foram encontradas diferenças significativas entre os três tratamentos nem entre as duas gerações. No cromossoma G, o sistema de anéis de Balbiani apareceu como um modelo para analisar a resposta do genoma ao tratamento com Cr (III). Em cerca de um terço das células das larvas expostas, a atividade dos anéis de Balbiani BRc e BRb foi invertida. Em 10% das células de ambas as gerações de larvas tratadas, foi observada a depleção do colapso de BRc. Em 6% das células, verificou-se a presença de cromossomas G semelhantes a pompons. Em 5% das larvas tratadas, a região apical do cromossoma G dobrou-se para trás, de tal forma que a região organizadora nucleolar apareceu como se estivesse no fim do cromossoma. Estas alterações cromossómicas estruturais e funcionais foram interpretadas como uma reação do genoma a condições de criação stressantes. A análise química da carga de Cr nos tecidos das larvas tratadas e de controlo foi efectuada por espetrofotometria de absorção atómica numa amostra de 50 larvas de quarto instar de cada grupo. Foi utilizado o espetrofotómetro Perkin Elmer 500 com uma correção de fundo com uma lâmpada de deutério. A análise foi efectuada de acordo com Regoli e Orlando (1994). Para avaliar os rearranjos cromossómicos, foram utilizados os mapas cromossómicos padrão de Hagele (1971) e Kiknadze *et al* (1991). Para analisar as deformações das mandíbulas esclerotizadas, do mento, do pecten epifaríngeo, da pré-mandíbula e das antenas, foi efectuada uma preparação entomológica da cápsula da cabeça para cada larva. O valor do teor de Cr nas larvas tratadas e nas larvas de controlo foi comparado com o teste não paramétrico 'Curskal-Walker ANOVA' e as frequências das aberrações cromossómicas nas larvas tratadas e nas larvas de controlo foram comparadas com os testes G (Sokal e Rholf 1981).

Michailova *et al* (2001) examinaram o efeito do nitrato de chumbo (Pb) na organização estrutural dos cromossomas politénicos das larvas *de Chironomus riparius*. Não foram encontrados exemplares com cromossomas politénicos padrão no material tratado com diferentes concentrações de iões Pb. Os cromossomas politénicos de todos os indivíduos expostos ao chumbo apresentaram vários rearranjos cromossómicos somáticos (inversões heterozigóticas, deleções, duplicações e deficiências), que não foram detectados nos controlos estudados. As deleções no cromossoma G ocorreram com uma frequência elevada, resultando na formação dos chamados "pompons". A atividade dos anéis de Balbiani (BRs) e do organizador nucleolar (NOR) diminuiu significativamente com o aumento das concentrações de iões Pb. As secções dos cromossomas politénicos onde se concentraram as aberrações somáticas são consideradas locais fracos, tendo sido demonstrado que nestes locais se distribuíam elementos de ADN repetitivos (Alu e Hinf) que podem ser activados por agentes de stress e gerar muitos rearranjos cromossómicos. Os cromossomas politénicos salivares de larvas de quarto instar foram utilizados para análise citogenética segundo o método da aceto-orceína. Os mapas cromossómicos padrão de Hagele (1970) e Kiknadze *et al* (1991) foram utilizados para identificar alterações nos cromossomas politénicos sob agentes de stress. A localização de elementos de ADN repetitivo (Alu) foi determinada por meio de técnicas de FISH, seguindo o protocolo de Hankeln (1990). As sondas Alu foram marcadas por meio de um kit de digissigenina. Para a análise morfológica, foi examinada a aparência da cápsula da cabeça e do corpo das larvas. A quantidade de chumbo associada ao substrato e aos quironomídeos foi medida por espetroscopia de emissão ótica com plasma indutivamente acoplado (ICPOES) com um nebulizador de ranhura em V e uma câmara de pulverização convencional do tipo Scott. Cada grupo de tratamento foi comparado entre si e com o controlo através de um "teste t de Student". $P < 0,05$ foi considerado significativo.

Petrova e Zhirov (2008) descreveram os cromossomas politénicos de larvas de Chironomidae recolhidas na ilha de Wrangel (Rússia). As larvas têm $2n = 8$: AB CD EF e G (complexo *Chironomus thummi* Keyl, 1962). Pelo cariótipo, as larvas são idênticas às de *Chironomus* sp. Le1, descritas na ilha Sagystyr da reserva Vst-Lena (Yakutia) (Kiknadze *et al*, 1996). As diferenças insignificantes incluem o número de nucléolos e puffs, que foi considerado como resultado da habituação das populações em diferentes condições ecológicas. Para esta experiência, o material foi fixado numa mistura de ácido acético glacial e etanol a 96% (3:1). As preparações foram efectuadas utilizando a técnica da aceto-orceína (Chubareva e Petrova, 1982).

Mi-Hee Ha e Jinhee Choi (2008) estudaram os efeitos dos contaminantes ambientais na hemoglobina das larvas de 4th instar de *Chironomus riparius* no que diz respeito ao conteúdo total de hemoglobina, à expressão do gene da globina individual, à expressão da proteína da globina individual e à oxidação da hemoglobina. Os resultados sugerem que a globina pode ser uma molécula alvo de contaminantes ambientais e dos parâmetros testados; a alteração dos níveis individuais de globina (ou seja, níveis de ARNm e de proteína) pode ter potencial para o desenvolvimento de um biomarcador para a monitorização da ecotoxicidade.

Kiknadze e Istomina (2010) estudaram o polimorfismo cromossómico e a estrutura do cariótipo em várias populações europeias e asiáticas de *Chironomus luridus* Strenzke, 1959. Foram utilizadas no trabalho larvas de *Chironomus luridus* de quarto instar. As larvas foram fixadas numa mistura de etanol a 96% e ácido acético glacial (3:1) e armazenadas num frigorífico. As preparações dos cromossomas politénicos das glândulas salivares foram feitas utilizando o método da aceto-orceína (Kiknadze *et al.,* 1991). Os braços dos cromossomas politénicos A, E e F foram mapeados de acordo com Keyl (1962) e os braços C e D de acordo com Devai *et al.* (1989), utilizando como padrão as sequências de bandas dos cromossomas politénicos *de Chironomus piger* Strenzke, 1959. Os braços G e B não foram mapeados devido a rearranjos complexos em comparação com *Chironomus piger.* As sequências de bandas de inversão dos cromossomas politénicos foram designadas utilizando o nome abreviado da espécie, a designação do braço e o número da sequência de bandas (lur A1, lur A2, etc.). As lâminas citológicas estudadas e o corpo larvar fixado após dissecção das glândulas salivares são conservados na coleção do Instituto de Citologia e Genética da Academia Russa de Ciências, Novosibirsk, Rússia. Neste trabalho, foram utilizados o microscópio Axioskop 2 plus, a câmara CCD Axiocam HRc e o pacote de software Axiovision 4 (Zeiss, Alemanha). O polimorfismo de inversão foi encontrado em seis dos sete braços do cromossoma: três sequências de bandas detectadas no braço A, seis sequências no braço B e duas sequências no braço G. Apenas o braço D era monomórfico em todas as populações estudadas. No total, foram registadas 22 sequências de bandas em *Chironomus luridus.* As populações asiáticas são menos polimórficas, contendo apenas 8 a 10 sequências, enquanto as populações europeias apresentam 11 a 16 sequências. As novas sequências de bandaslur A3, lur B5, lur E3foram encontradas nas populações asiáticas, enquanto que as sequênciaslur B2, lur B3, lur B4, lur B6, lur E2, lur F1, lur F2a, lur F3 lur F4 e lur G2 não foram encontradas.A heterozigotia total de inversão nas populações asiáticas foi de 12-25% contra 78-80% nas populações europeias.

Martinez *et al* (2001) estudaram os elementos reguladores do choque térmico presentes nas repetições teloméricas de *Chironomus thummi*. Tal como noutros Diptera, os telómeros de *Chironomus thummi* não possuem repetições curtas especificadas pela telomerase e contêm sequências complexas. Reagem ao choque térmico e a outros tratamentos de stress formando puffs gigantes em alguns terminais dos cromossomas, que são visíveis em células politénicas. Todos os telómeros, exceto as extremidades telocêntricas do cromossoma 4L, consistem em grandes blocos de repetições, com 176 pb de comprimento. Foram encontradas três subfamílias de sequências teloméricas que apresentam padrões de distribuição diferentes entre as extremidades dos cromossomas. TsA e TsC são caraterísticas dos telómeros. Foram identificados elementos reguladores da transcrição por choque térmico nas sequências teloméricas, que aparecem representados de forma diferente nas três subfamílias, mas semelhantes em tamanho e sequência. É interessante notar que as repetições TsA e TsB partilham os elementos de choque térmico bem conservados (HSE) e o motivo GAGA, enquanto a caixa TATA só está presente na primeira. Nem o HSE nem a TATA box aparecem nas repetições TsC. Além disso, os dados experimentais indicam que o HSE é funcionalmente ativo na ligação do fator de transcrição de choque térmico (HSF). Estes resultados fornecem, pela primeira vez, uma base molecular para o efeito do choque térmico nos telómeros *de Chironomus thummi* e explicam também o comportamento diferente que apresentam. Foi detectada uma correlação positiva entre o HSE e o puffing telomérico e a transcrição sob choque térmico. Este facto foi também confirmado na espécie irmã *Chironomus piger*.

Michailova *et al* (2005) analisaram a variabilidade cromossómica em três espécies de *Chironomus viz: Chironomus plumosus, Chironomus muratensis* e *Chironomus annularis* das populações naturais da Polónia. Foi efectuada uma análise comparativa das sequências de bandas com outras populações paleárcticas. Para esta experiência, as larvas foram fixadas numa solução de etanol a 96% e ácido acético glacial (3:1). Foram obtidas preparações citogenéticas e morfológicas de cada larva. As glândulas salivares isoladas foram esmagadas para deteção de cromossomas politénicos, utilizando um método de acetoorceína. A congelação em azoto líquido, após a remoção das lamelas, produziu lâminas permanentes. Após várias etapas em álcool e xileno, foram novamente montadas em Euparal para análise morfológica. As lâminas de cromossomas politénicos e as larvas foram depositadas no Instituto de Zoologia, Sofia - Academia de Ciências da Bulgária. Os cromossomas politénicos de *Chironomus plumosus* foram identificados através da aplicação dos mapas de Butler *et al.* (1999), Gunderina *et al.* (1999), Golygina e Kiknadze (2001). Os cromossomas politénicos de *Chironomus muratensis* foram identificados por comparação com a literatura (Kiknadze *et al.* 1991; Michailova *et al.* 2002).

Para uma análise cariotípica detalhada subsequente de *Chironomus annularis*, foram utilizados mapas cromossómicos padrão elaborados por Keyl e Keyl (1959), Keyl (1962), Petrova e Michailova (1986) e Kiknadze *et al* (1991, 1996). As sequências de bandas invertidas e padrão foram consideradas como alelos e as suas frequências foram estimadas de acordo com Butler *et al* (1999). Foi elaborado um dendrograma utilizando a análise de agrupamento UPGMA (Sneath e Sokal 1973) com o software PHYLIP. As frequências heterozigóticas de *Chironomus plumosus* foram testadas para confirmar a expetativa sob o equilíbrio de Hardy-Weinberg utilizando o teste χ^2. A sequência de bandas cromossómicas de *Chironomus plumosus* e *Chironomus muratensis* não diferiu de outras populações paleárcticas. Foi descoberta uma nova sequência de bandas homozigóticas em *Chironomus annularis*.

Kiknadze *et al* (2010) descreveram o cariótipo de *Chironomus uliginosus* Keyl. Foram investigadas quatro populações de *Chironomus uliginosus* dos Países Baixos e uma população da Alemanha. 4th larvas de instar foram fixadas numa mistura 3:1 de etanol a 100% e ácido acético glacial para estudo citogenético. As glândulas salivares isoladas foram esmagadas para a preparação dos cromossomas politénicos. Os esmagamentos dos cromossomas politénicos foram efectuados pelo método da aceto-orceína (Kiknadze *et al.* 1991). Os cromossomas politénicos foram mapeados de acordo com o sistema de Keyl (1962) para os braços A, E e F e o sistema *de* Devai *et al.* (1989) para os braços B, C e D. Foram analisadas as sequências de bandas dos sete braços cromossómicos do cariótipo *de Chironomus uliginosus*. Foi observado polimorfismo de inversão nos braços A, B, C, D, E e F. Foi registado um total de 18 sequências de bandas. Os conjuntos e o número de sequências de bandas variaram entre populações, causando a sua diferenciação citogenética. A comparação dos conjuntos e frequências de sequências de bandas entre as populações holandesa e russa de *Chironomus uliginosus* foi efectuada e foram observadas diferenças citogenéticas consideráveis entre estas populações distantes.

Wulker *et al* (2011) investigaram os cariótipos de seis espécies africanas de *Chironomus* (*Chironomus alluaudi* Kieffer, *Chironomus transvaalensis* Kiefffer, *Chironomus* sp. Nakuru, *Chironomus formosipennis* Kieffer, *Chironomus* prope *pulcher* Wiedemann e *Chironomus* sp. Kisumu). As larvas e pupas de quironomídeos foram recolhidas com o auxílio de uma rede de tanque. Foram recolhidas amostras suplementares de larvas, pupas, exúvias pupais e adultos com pinças, redes de deriva e redes de varredura. As amostras foram conservadas em etanol a 75%. Os quironomídeos foram montados em lâminas e identificados como espécies/grupos de espécies de acordo com Serra-Tosio (1971), Pinder

(1978), Ferrarese e Rossaro (1981), Rossaro (1982), Nocentini (1985), Schmid (1993), Jenecek (1998), Stur e Ekrem (2006), Lencioni *et al* (2007) e Rossaro *et al* (2009). Durante cada levantamento biológico foram registadas as variáveis ambientais. A altitude foi medida por GPS com um instrumento com um erro de cerca de 10-15 metros. A composição granulométrica percentual do substrato foi avaliada visualmente como percentagem de cascalho, calhaus, areia, silte, pedras e rochas. As amostras de água foram recolhidas em garrafas graduadas limpas com ácido para análise hidroquímica (condutividade, alcalinidade, dureza, oxigénio dissolvido, % de oxigénio, saturação, pH, nutrientes, aniões, catiões e metais). As análises foram efectuadas segundo os métodos normalizados da Associação Americana de Saúde Pública. A temperatura da água foi medida com uma sonda múltipla de campo (Hydrolab). Além disso, a cobertura do dossel foi estimada visualmente em cinco classes: 0%, 25%, 50%, 75% e 100%. A descarga foi medida com um balde graduado. A velocidade média da corrente foi medida com um caudalímetro de hélice OTT. A turbidez foi registada com um turbidímetro portátil MicroTPI. O índice de diversidade de Shannon foi calculado para cada nascente com o pacote informático MVSP 3.1. A correlação de Pearson entre as variáveis biológicas e ambientais foi calculada com o pacote informático STATISTICA 8.0. Valores com p<0,05 foram considerados significativos. A análise de ordenação foi realizada por meio do pacote computacional CANOCA 4.5. Foi efectuada uma análise de agrupamento k-means para agrupar os locais em grupos semelhantes com base nas assembleias de táxones de Chironomidae. Foi efectuada uma análise discriminante baseada no teste lambda de Wilk para detetar os factores ambientais que separam os 5 grupos k-means. Os valores com P<0,05 foram considerados significativos. Dos seis cariótipos *de Chironomus*, três apresentavam combinações de braços cromossómicos "pseudothummi" com citocomplexos AE CD BF e G *(Chironomus alluaudi, Chironomustransvaalennis* e *Chironomus* sp. Nakuru), dois apresentavam combinações de braços de citocomplexos "thummi" AB CD EF e G *(Chironomus formosipennis* e *Chironomus* prope *pulcher)* e um apresentava combinações de braços "parathummi" AC BF DE e G *(Chironomus* sp. Kisumu).

Midya *et al* (2012) estudaram os cromossomas politénicos de *Chironomus striapennis* Kieffer em termos de poluição em habitats naturais. Os cromossomas politénicos derivados das moscas colhidas em ambiente poluído mostraram assinapsia ao longo dos braços dos cromossomas politénicos. Nesta espécie, a assíntota ao longo do quarto cromossoma politénico foi a mais evidente. As larvas cultivadas em condições poluídas desenvolvidas artificialmente no laboratório, com adição de Cu como metal pesado no meio de cultura, também apresentavam asinapsia do quarto cromossoma politénico e, com uma dose mais elevada, *isto é*, 15 mg/kg de solo no substrato do tabuleiro de cultura, as larvas apresentavam uma asinapsia completa do quarto cromossoma.

Gunjal e Chavan (2015) estudaram a morfologia e o cariótipo de *Chironomus austin* do distrito de Aurangabad, Índia. Efectuaram o estudo morfológico da larva, pupa e adulto. O seu estudo revelou que a maior parte do seu ciclo de vida é na forma larvar. As larvas são de cor vermelha escura com 13-15 segmentos. As larvas são alongadas com 20-23 mm de comprimento e têm uma cápsula de cabeça esclerotizada, corpo cilíndrico estreito com um ou dois pares de túbulos ventrais. O macho adulto é de cor acastanhada e mais pequeno do que a fêmea. *Chironomus austin* tem um citocomplexo do tipo thummi com combinações de braços AB, CD, EF e G (2n=8).

Gunderina *et al* (2015) estudaram a organização cromossómica dos genes do RNA ribossómico no género *Chironomus.* A localização cromossómica dos genes codificadores do RNA ribossómico foi estudada utilizando FISH em 21 espécies do género *Chironomus* Meigen, 1803. A análise dos dados mostrou uma variação intra e interespecífica no número e localização dos locais de hibridação do 5.8S rRNA em 17 espécies do subgénero *Chironomus* e 4 espécies do subgénero *Camptochironomus* Kieffer, 1914. Na maioria das espécies estudadas, a localização dos sítios de rRNA coincidiu com os sítios onde foram encontradas NORs activas. O número de sítios de hibridação no cariótipo dos Quironomídeos estudados variou de 1 a 6. Mais de metade das espécies possuía apenas uma NOR. Discutiram também os possíveis mecanismos de origem da variabilidade no número e localização dos genes rRNA no cariótipo de espécies do género *Chironomus.*

2.7 OS QUIRONOMÍDEOS COMO BIOINDICADORES-

Nazarova *et al* (2004) observaram as deformações bucais em larvas de Chironomid de Santa Marta, Colômbia. As deformações das peças bucais das larvas de Chironomidae são consideradas como indicadores de stress ambiental causado pela poluição da água, como metais pesados, pesticidas e contaminação orgânica. As anomalias mais frequentemente encontradas no género *Goeldichironomus* foram a abrasão e a quebra do mento e/ou das mandíbulas, que atingiram 96,5% de todos os espécimes de *Goeldichironomus carus.* Em todos os outros taxa não foram encontradas respostas morfológicas tão específicas. Nestes, a quantidade de anomalias foi relativamente baixa. Na maior parte dos casos, as anomalias diziam respeito a dentes ausentes ou deformados devido a uma abrasão elevada. As anomalias observadas nos Tanypodinae eram visíveis nas estruturas hipofaríngeas.

Lee *et al* (2006) avaliaram a expressão induzida por poluentes de proteínas de choque térmico (HSPs) e de genes de hemoglobina nas larvas de *Chironomus tentans* para identificar um biomarcador sensível de monitorização da água doce. A resposta da expressão do gene HSPs por exposição química foi rápida e sensível a baixas concentrações químicas, mas não foi específica do stress. Foi observado um aumento da expressão dos genes HSPs não só numa forma induzida pelo stress (HSP70) mas também numa forma expressa constitutivamente (HSC70). A expressão dos genes da hemoglobina mostrou respostas químicas específicas: isto é, os compostos alquilfenólicos aumentaram a expressão dos genes da hemoglobina, enquanto os pesticidas diminuíram a expressão. As diferenças estatísticas entre as larvas de controlo e as larvas tratadas foram examinadas com o auxílio do teste t paramétrico, utilizando o SPSS 12.0 KO para todas as análises.

Al-Saffar (2007) observou as deformações das peças bucais das larvas *de Chironomus annularis* provenientes do pântano de Al-Hammar, no sul do Iraque, e do rio Tanjero, no Curdistão e no norte do Iraque. Mostrou que as deformações no pectens, na menta e nas mandíbulas podem ser sinal de níveis de contaminação baixos, médios e elevados, respetivamente. O pecten epipharyngis deformado é possivelmente resultado do DDT ou de metais pesados.

Al-Shami *et al* (2010) estudaram as deformações morfológicas na cápsula da cabeça de larvas *de Chironomus* spp. que vivem em três rios poluídos (Permatang Rawa, Pasir e Kilang Ubi) na bacia do rio Juru, no nordeste da Malásia peninsular. Foram recolhidas amostras de larvas de quarto instar em cada rio e analisadas as deformações da mandíbula, do mento, da antena e da epífaringe. As deformações totais correlacionaram-se com as deformações do mento, mas apenas fracamente com as deformações noutras partes da cabeça. A deformidade total estava fortemente correlacionada com teores elevados de Mn e Ni nos sedimentos. A incidência das deformações do mento e da epífaringe foi fortemente correlacionada com um aumento dos SST (sólidos suspensos totais), do alumínio total e do amónio e com uma diminuição do pH e do oxigénio dissolvido.

Michailova *et al* (2011) avaliaram os efeitos da poluição sobre a biodiversidade e a resposta do genoma das larvas de Chironomid no ambiente aquático contaminado com metais vestigiais. Não foi observada qualquer alteração na diversidade de espécies de Chironomid. A concentração mais elevada de metais vestigiais (Cd, Pb, Cr e Zn) afecta o genoma de 5 espécies de Chironomidae estudadas citogeneticamente: *Chironomus bernesis, Chironomus plumosus, Chironomus* sp. 1, *Kieffferulus tendipediformes* e *Glyptotendipes cauliginellus*. A instabilidade genómica das larvas de Chironomidae foi avaliada de duas formas: por um lado, os rearranjos cromossómicos fixos e, por outro, as alterações somáticas estruturais e funcionais nos cromossomas das glândulas salivares das espécies de Chironomidae.

Michailova *et al* (2012) demonstraram que os quironomídeos e os cromossomas das suas glândulas salivares podem servir como bioindicadores da genotoxicidade de metais vestigiais. Estas larvas apresentam aberrações nos seus cromossomas politénicos quando expostas a metais vestigiais (Cr, Al, Pb e Cu). A resposta do genoma consistiu num aumento estatisticamente significativo das aberrações cromossómicas somáticas e numa diminuição da atividade BR e NOR para níveis inferiores aos das larvas em condições normais. As principais aberrações cromossómicas são inversões, amplificações, delecções e deficiências. As deleções no cromossoma G em *Chironomus riparius* transformaram-no numa estrutura semelhante a um pompom.

Marinkovik *et al* (2012) estudaram a resposta do *Chironomus riparius* à exposição a tóxicos em várias gerações. Para tal, realizaram uma experiência multigerações em que expuseram culturas de laboratório de *Chironomus riparius* durante nove gerações consecutivas a dois cenários de exposição de cobre, cádmio e tributilina, respetivamente. A emergência total e o tempo médio de emergência foram monitorizados em cada geração, enquanto a sensibilidade das culturas foi avaliada, pelo menos, de três em três gerações, utilizando testes de toxicidade aguda. Observaram que as culturas expostas de forma sub-letal eram expostas a concentrações de tóxicos substancialmente mais elevadas após a sexta geração e que eram gravemente afectadas na oitava geração, seguindo-se sinais de recuperação. Concluíram que *Chironomus riparius* pode, de facto, suportar uma exposição subletal a longo prazo a substâncias tóxicas através de plasticidade fenotípica sem adaptações genéticas.

Majumdar e Gupta (2012) observaram os efeitos da toxicidade aguda e crónica do cobre em *Chironomus ramosus* de Assam, na Índia. A toxicidade aguda do cobre em *Chironomus ramosus* foi determinada expondo larvas de terceiro instar a concentrações graduais de sulfato de cobre ($CuSo_4 .5H_2 0$). As concentrações letais medianas (LC_{50}) de Cu como $CuSo_4$ às 24, 48, 72 e 96 horas foram determinadas como 3280, 1073,33, 780 e 183 μgl^{-1} respetivamente. Para determinar os efeitos da toxicidade crónica, pequenas larvas de primeiro instar foram expostas individualmente a concentrações subletais de $CuSo4$ (1-8 μgl^{-1}) durante um período de 21 dias. A descoloração e o adelgaçamento do corpo foram detectados a 1 μgl^{-1} e os movimentos de ventilação, a pupação e a emergência de adultos foram significativamente afectados a 1,8 μgl^{-1} . Na concentração de 10 μgl^{-1} , o crescimento e as actividades de construção de tubos das larvas foram significativamente diferentes do controlo.

Saha e Mazumdar (2013) estudaram as deformidades das larvas *de Chironomus* sp. como bioindicador do stress da poluição em campos de arroz do distrito de Hooghly, Bengala Ocidental. As deformações morfológicas das larvas *de Chironomus*, particularmente nos dentes do mento, foram propostas como bioindicador da qualidade dos sedimentos e do stress ambiental. As larvas de *Chironomus* sp. foram recolhidas em campos de arroz situados em Rishra, Serampore e Khanakul (distrito de Hooghly, Bengala Ocidental, Índia). Em cada local, foram registados os parâmetros físico-químicos da água e do sedimento. Os dados de campo revelaram uma elevada incidência de deformidade em Rishra, em comparação com Serampore e Khanakul. As práticas agronómicas revelaram uma aplicação excessiva de pesticidas nos campos de arroz para obter um melhor rendimento. Os ecossistemas dos arrozais estão, assim, poluídos por pesticidas e causam efeitos tóxicos em *Chironomus* sp. apesar de haver outro agente poluente principal, ou seja, efluentes industriais, nos arrozais adjacentes.

2.8 QUIRONOMÍDEOS COMO PARASITAS INCÓMODOS

Hapern *et al* (2003) relataram a presença de *Vibrio cholerae* não-O1 e não-O139 em massas de ovos de quironomídeos de diferentes massas de água doce em Israel, Índia e África. A população bacteriana aumenta à medida que a temperatura da água ultrapassa os 25°C. Foram identificados trinta e cinco serogrupos diferentes de *Vibrio cholerae* entre as bactérias isoladas de quironomídeos, demonstrando a heterogeneidade da população. Duas estirpes de *Vibrio cholerae,* O37 e O201, que foram isoladas de massas de ovos de quironomídeos na ilha de Zanzibar, eram NAG-ST positivas. Os resultados acima referidos apoiam a hipótese de que a associação encontrada entre os quironomídeos e a bactéria da cólera não é uma coincidência rara, indicando que as massas de ovos de quironomídeos podem servir como mais um reservatório potencial para *Vibrio cholerae.*

Halpern *et al* (2003) referiram que os sobrenadantes *de Vibrio cholerae* O9, O1 e O139 lisam a matriz gelatinosa da massa de ovos de Chironomidae e inibem a eclosão dos ovos. O fator extracelular responsável pela degradação das massas de ovos de Chironomidae foi purificado a partir de *Vibrio cholerae* O9 e O139 e foi identificado como a principal hemaglutinina/protease segregada (HA/P) de *Vibrio cholerae*. O substrato na massa de ovo foi caracterizado como uma glicoproteína. Estes resultados mostraram que a HA/P desempenha um papel crucial na interação *entre Vibrio cholerae* e as massas de ovos de Chironomidae.

Nandi *et al* (2014) encontraram mosquitos Chironomid como alergénios em Calcutá, na

Índia. Os resultados do Skin Prick Test revelaram que 189 dos 198 pacientes (95,4%) demonstraram sensibilização a ambas as espécies de Chironomid. Observou-se um nível mais elevado de Ig E total nos indivíduos atópicos do que nos grupos de controlo. Os resultados sugerem que o mosquito quironomídeo *Chironomus circumdatus* e o *Polypedilum nibifer* podem provocar sensibilização nos seres humanos.

CAPÍTULO 3. MATERIAIS E MÉTODOS

Antes do estudo, foi efectuado um levantamento preliminar de Udaipur para a seleção dos locais de amostragem, tendo sido considerados adequados e apropriados quatro locais de amostragem. Após visitas periódicas aos diferentes locais de amostragem, a estação do inverno foi considerada a mais adequada para a recolha de larvas. Assim, foram recolhidas larvas de quironomídeos em quatro locais geográficos de amostragem em Udaipur, *nomeadamente o* lago Udaisagar, o lago Fatehsagar, o lago Pichola e o rio Ayad (figura 4.1). As altitudes, longitudes e latitudes de cada local de amostragem foram registadas com a ajuda de um smartphone GPS Spice (Mi-498 Dream Uno) (quadro 4.1). A temperatura da água foi medida com um termómetro digital (HM TDS-3 TM Thermometer)

As larvas foram recolhidas por peneiração do substrato perto da costa numa área de um metro, utilizando o método do quadrante parcial modificado, e avaliadas quanto à sua densidade. A densidade foi medida como o número de organismos/m^2 . Os desvios-padrão e os erros-padrão também foram medidos com a sua densidade.

$$\textbf{Standard deviation S. D. =} \sqrt{[\Sigma(xi-x)2/(n-1)]}$$

Onde, x é a média da amostra,

xi = o i-ésimo elemento da amostra,

n = dimensão da amostra

Erro padrão SEM= S.D. / $\sqrt{n}$

Para a análise ecológica, a densidade larvar de quironomídeos foi correlacionada com a temperatura da água dos locais de amostragem. A correlação de Pearson e a análise de regressão foram utilizadas para determinar a relação entre a densidade de Quironomídeos e a temperatura da água nos locais de amostragem. Os valores do coeficiente de correlação e da regressão foram calculados em linha em www.mathportal.org.

$$\textbf{Pearson's correlation coeffiecient r=} \Sigma(xy)/\sqrt{\Sigma(x2)*(y2)}$$

Onde, Z=soma

x= variável independente

y= variável dependente

Equação de regressão y= a+b.x

Onde, y= variáveis dependentes

x= variáveis independentes

a= interceção de y

b= declive

Foram discutidos vários outros parâmetros ecológicos, como o hábito, o habitat, a dispersão, o comportamento e a alimentação. Em cada amostragem, as larvas recolhidas ao acaso foram levadas para o laboratório para análise da diversidade. No laboratório, as larvas foram identificadas taxonomicamente até aos géneros, utilizando chaves (Epler, 2001). O índice de diversidade de Shannon-Wiener, o índice de Simpson, a dominância e a uniformidade foram aplicados para calcular a diversidade. A análise dos dados e a estatística foram efectuadas utilizando o software PAST (versão 2.17c).

Índice de diversidade de Shannon-Weiner H= -Σ [(pi) * ln (pi)]

Onde, Σ=soma

pi= rácio de amostras sobre a soma total de amostras

Índice de diversidade de Simpson D= 1- [Σ n (n-1)/N (N-1)]

Onde, Σ=soma

N= número total de indivíduos de todos os taxa

n= número de indivíduos num determinado taxa

Equilíbrio E= H/Hmax

Onde, H= índice de Shannon-Weiner
Hmax= diversidade máxima possível

Para a análise morfológica e do ciclo de vida, as larvas de *Einfeldia* foram cultivadas no laboratório. Para a cultura, as larvas foram colocadas num recipiente de vidro (25 cm de diâmetro) cheio de água e areia e coberto com uma rede. Foi efectuado um arejamento adequado com uma minibomba de ar (VENUSAQUA AP 208), o que permitiu o aparecimento de adultos. Durante este período, o seu ciclo de vida foi observado e foram tiradas fotografias das diferentes fases de vida. Uma nova espécie denominada ***Einfeldia pritiensis* Singh e Rawal, 2016** foi descoberta durante o presente estudo e a sua descrição foi publicada no *"Journal of Entomology and Zoology Studies"*. A nomenclatura desta nova espécie foi feita de acordo com o Código Internacional de Nomenclatura Zoológica (ICZN) e esta nova espécie foi registada no Zoobank, que é o registo oficial do ICZN (urn: lsid: zoobank.org: act: 145BFE24- 64C4-4C5F-AA51-402CDA4A1E61).

Para a preparação das lâminas morfológicas, os espécimes foram conservados em álcool a 70%. Depois disso, os espécimes foram mantidos em KOH a 10% para clarificação. Em seguida, foram passados em água destilada (5 min.), depois em ácido acético glacial (10 min.) e, finalmente, montados permanentemente em DPX (Distyrene Plasticizer Xylene) (Sharma e Gupta, 2014). As fotografias das larvas, pupas e adultos foram tiradas com a câmara Sony Cybershot DSC (16,1 megapixéis). As medições das diferentes partes do corpo foram efectuadas em pm e mm. Para medir o comprimento das partes do corpo, foi utilizado um micrómetro calibrado montado num microscópio composto estereoscópico. Foram também utilizados desenhos esquemáticos como referência para as descrições morfológicas. A nomenclatura morfológica está de acordo com Saether (1980). As medições do peso dos adultos secos foram efectuadas numa balança eletrónica à prova de ar. As lâminas montadas em DPX estão depositadas no laboratório Chironomids, Department of Zoology, Mohanlal Sukhadia University, Udaipur, Índia.

Para estudar a regeneração das larvas, estas foram isoladas numa placa de Petri e foram efectuados cortes parciais ou inteiros (por segmentos) de anterior para posterior e de posterior para anterior. As patas dianteiras, a antena e outras peças bucais também foram cortadas para observar a regeneração.

Para avaliar a filogenia molecular, foram enviadas amostras de larvas para o laboratório Xcelris Genomics, em Ahmedabad. A sequenciação do gene mitocondrial da citocromo oxidase subunidade 1 (COI) das larvas de *Einfeldia* foi efectuada utilizando os iniciadores 911 e 912 específicos da citocromo oxidase. A sequência final de 708 pares de bases obtida foi analisada utilizando o software de acesso livre NCBI BLAST. O protocolo experimental e os métodos adoptados são os seguintes

a. Isolamento de ADN:

O ADN foi isolado da amostra de larvas utilizando o mini kit XcelGen Plant DNA (XG2611-01). O ADN extraído foi eluído em 20µl de água sem nuclease.

b. NanoDrop-8000: Análise quantitativa e qualitativa do gDNA total:

S. N.	ID da amostra	OD 260/280	Concentração (ng/µl)
1	Larvas	2.07	159,9 ng/µl

c. Controlo de qualidade do ADN em agarose:

Os produtos de ADN isolados foram analisados num gel de agarose a 0,8%. A metodologia é apresentada a seguir:

Protocolo de eletroforese em gel de agarose:

• A agarose a 0,8% foi preparada em 100 ml de tampão 1xTAE e dissolvida por aquecimento.

• Em seguida, arrefeceu-se e adicionou-se brometo de etídio (10pg/ml).

• Penteia-se e coloca-se o molde, no qual se deita a agarose fundida com brometo de etídio e deixa-se solidificar.

• O ADN (100 ng) foi carregado com corante de carga 6X, juntamente com a escada de ADN *Hind* III Ladder.

• O ADN resolvido foi documentado através do sistema de documentação em gel.

d. Amplificação da reação em cadeia da polimerase através do iniciador específico da citocromo oxidase (911-912):

O ADN isolado das larvas foi sujeito a amplificação através do iniciador específico da citocromo oxidase (911-912), num volume de reação de 25 µl, utilizando um termociclador (Applied Biosystems, Veriti®). A composição da mistura de reação para a PCR é apresentada na Tabela 3.1. A PCR foi efectuada de acordo com as condições do ciclo mencionadas na Tabela 3.2.

S. N.	Componentes	Quantidade
1	Água sem nuclease	Para perfazer o volume de 25 µl
2	ADN	50ng
3	Primário (10pmole)	1,0µl
4	Mistura principal de PCR 2X	12,5µl
5	Volume total	25µl

Tabela 3.1- Composição da mistura de reação para PCR

S. N.	Passos	Temperatura	Tempo	Ciclos
1	Desnaturação inicial	94°C	4 Minutos	1
2	Desnaturação	94°C	40 segundos	
3	Recozimento	47°C	45 segundos	35
4	Extensão	72°C	45 segundos	
5	Extensão final	72°C	20 minutos	1

Tabela 3.2- Condições de reação no termociclador.

e. Verificação da qualidade do produto PCR amplificado em agarose:

Para verificar a qualidade dos amplicões da PCR, os produtos amplificados da PCR foram analisados num gel de agarose a 1,2%.

f. Sequenciação de produtos PCR:

O amplicon da PCR foi purificado enzimaticamente utilizando Exo-SAP, de acordo com as instruções do fabricante (Applied Biosystem). Após a purificação, os produtos foram submetidos a sequenciação de Sanger com o analisador de ADN ABI, 3730XL, utilizando a química BdT v3.1. A reação de sequenciação de ADN para a frente e para trás dos amplicões de PCR (amostra) do produto de PCR foi efectuada com os primers 911 (5'-TTAACTTCAGGGTGACCAAAAAATCA-3') e 912 (5'-TTACTACCAATCATAAAGATATTGG-3'), separadamente. 911 e 912 são primers específicos da citocromo oxidase.

CAPÍTULO 4. RESULTADOS E OBSERVAÇÕES

4.1 ECOLOGIA E BIODIVERSIDADE DOS QUIRONOMÍDEOS

O presente estudo foi efectuado em quatro locais de amostragem em Udaipur e arredores, nomeadamente o lago Udaisagar, o lago Fatehsagar, o lago Pichola e o rio Ayad (figura 4.1 e quadro 4.1). Trata-se das principais massas de água de Udaipur. Estes sítios representam bem a região de Udaipur devido à sua localização geográfica em torno de Udaipur e abrangem habitats lênticos (lagos) e lóticos (rios). Deve notar-se que Udaipur se situa a mais de 500 metros acima do nível do mar, o que pode constituir uma barreira ao cruzamento com outros quironomídeos das terras baixas.

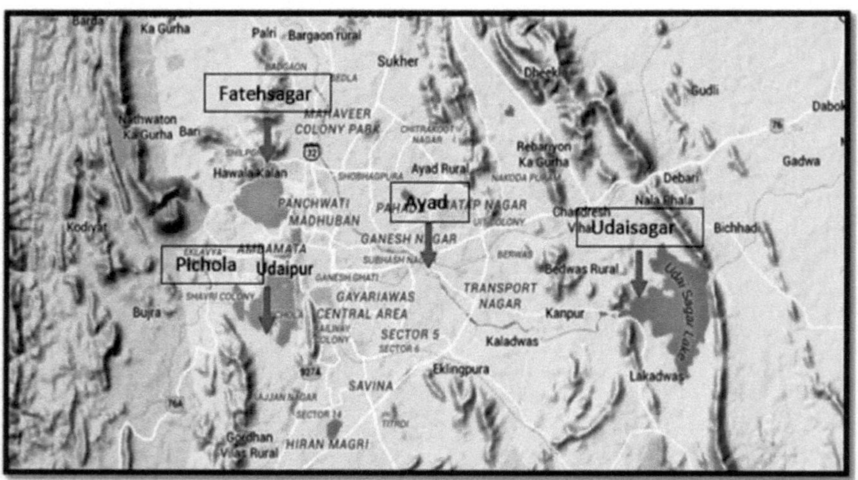

Figure 4.1: Aerial map showing geographical location of sampling sites (Courtesy: Google maps).

S.N.	Localização	Latitude (N)	Longitude (E)	Altitude (m. a. s. l.)	Temp. média da água (°C)	Habitat
1	Udaisagar	24.577515	73.825043	546	22.4	Lêntico
2	Fatehsagar	24.608225	73.677421	567	17.9	Lêntico
3	Pichola	24.563055	73.682431	569	21.2	Lêntico
4	Ayad	24.582585	73.724183	558	15.2	Lotic

Tabela 4.1: Indicações geográficas dos locais de amostragem.

Neste estudo, procedeu-se à avaliação da densidade de larvas de Chironomidae em cada amostragem em quatro locais de amostragem. Verificou-se que a densidade média de quironomídeos era mais elevada em Udaisagar e menos elevada em Ayad. Verificou-se que a densidade média de Pichola e Fatehsagar era igual, provavelmente devido ao facto de terem um sistema de drenagem comum e estarem situados lado a lado. (Quadro 4.2)

S.N.	Local de amostragem	d1(n/m2)	d2(n/m2)	d3(n/m2)	DM (densidade média)	S. D.	S. E.
1	Udaisagar	452	491	510	**484.3**	29.56	17.07
2	Fatehsagar	271	284	269	274.6	8.14	4.70
3	Pichola	302	290	289	293.6	7.23	4.17
4	Ayad	119	130	121	**123.3**	5.85	3.38

Tabela 4.2: Densidades médias com desvios-padrão e erros-padrão.

No presente estudo, a densidade larvar de Chironomidae foi correlacionada com a temperatura da água em quatro locais de amostragem. A correlação de Pearson e a análise de regressão foram aplicadas para encontrar a correlação. O valor do coeficiente de correlação de Pearson (r= 0,909) mostra uma forte correlação positiva entre a densidade de Chironomidae e a temperatura da água e o valor de p = 0,0457 (p<0,05) mostra que este resultado é significativo. A equação da linha de regressão foi encontrada como y= -496.3+41.2 x (Gráfico 4.1 e 4.2).

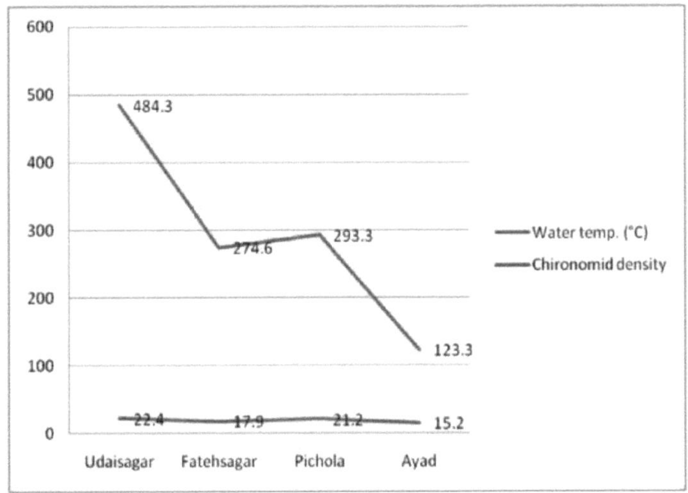

Gráfico 4.1: Grapb que mostra a relação entre a temperatura da água e a densidade larvar de Chironomidae.

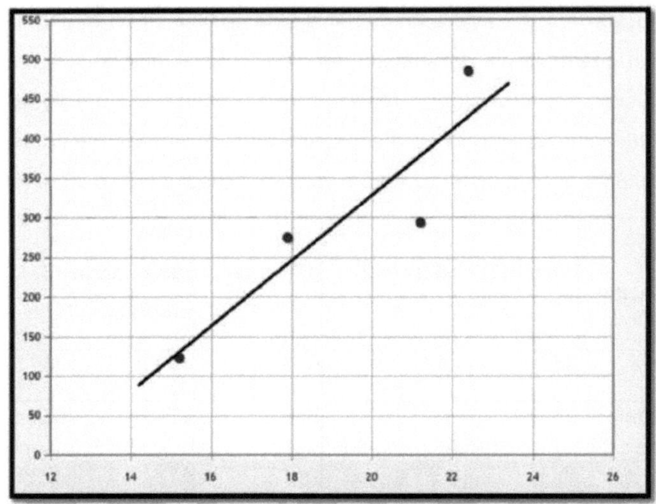

Gráfico 4 2: Linha de regressão obtida para a temperatura da água e a densidade de larvas! Densidade de quironomídeos

As larvas recolhidas aleatoriamente em cada amostragem foram selecionadas e identificadas taxonomicamente de acordo com os seguintes caracteres (Epler, 2001). A identificação abaixo do nível genérico não foi possível a partir das formas larvares. A percentagem dos três géneros referidos foi determinada durante o presente estudo (Quadro 4.4)

As larvas de quironomídeos foram distinguidas das larvas de outros dípteros pelas seguintes caraterísticas:

1. Ausência de espiráculos (apneusticidade)

2. Pernas nos primeiros segmentos torácicos e terminais do abdómen.

3. Segmento abdominal terminal com procercos emparelhados, cada um com um tufo de cerdas.

A subfamília Chironominae foi distinguida das outras subfamílias de Chironomidae pelos seguintes caracteres larvares:

1. Ligula ausente.

2. Mentum Presente.

3. Duas manchas oculares presentes.

4. Placa ventro-mental estriada presente.

5. Antenas não retrácteis presentes.

A tribo Chironomini foi distinguida com os seguintes caracteres larvares:

1. A antena tem 5 segmentos.

2. O mento tem 12 dentes laterais.

Os géneros foram determinados de acordo com o Quadro 4.3.

Os três géneros (*Einfeldia, Polypedilum* e *Chironomus*) referidos no presente estudo (Quadro 4.3) pertencem a uma única subfamília Chironominae e à tribo Chironomini. A caraterística mais importante para a identificação dos géneros foi a presença de túbulos ventrais, ausentes em *Polypedilum,* curtos e não enrolados em *Einfeldia* e longos e enrolados em *Chironomus.*

S. N.	Personagens	*Einfeldia* Kieffer	*Polypedilum* Kieffer	*Chironomus* Meigen
1	Cor	Vermelho	Vermelho	Vermelho
2	Tamanho	Tamanho médio	Mais pequeno	Tamanho grande
3	Mentum	Dente mediano simples	Escuro, 4 dentes medianos	Dente mediano trifido
4	Mandíbulas	Luz, 2 dentes interiores	Escuro, 3 dentes interiores	Luz, 3 dentes interiores
5	Túbulos ventrais	Um par, curto, não enrolado	Ausente	Dois pares, compridos, enrolados

Tabela 4.3: Caracteres Larvares Distintos de Três Géneros Reportados.

Dos três géneros referidos, *Einfeldia* estava presente nas quatro amostragens. *Polypedilum* estava ausente em Ayad e *Chironomus* estava ausente em Pichola e Fatehsagar. Udaisagar foi considerado o local mais rico, com a presença dos três géneros, enquanto todos os outros locais foram considerados pobres, com a ausência de pelo menos um género. A dominância de *Einfeldia* sobre *Polypedilum* e *Chironomus* foi claramente visível em todos os locais de amostragem. (Quadro 4.4 e Gráfico 4.3)

S. N.	Taxa	Udaisagar	Fatehsagar	Pichola	Ayad
1	*Einfeldia*	78.66%	79.33%	78.33%	82.66%
2	*Polipedílio*	13.33%	20.66%	21.66%	Não reportado
3	*Chironomus*	7.33%	Não comunicado	Não comunicado	17.33%

Tabela 4.4: Estado de diversidade dos quironomídeos em quatro locais de amostragem.

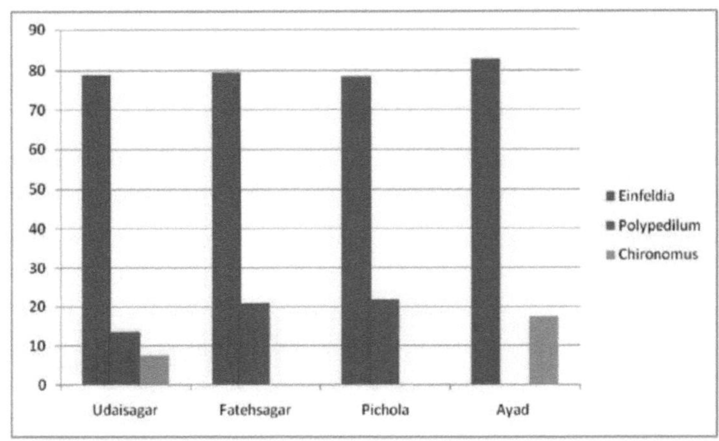

Gráfico 4.3: Abundância relativa dos géneros de quirópteros em quatro locais de amostragem

A análise da diversidade das larvas de Chironomidae dos quatro locais de amostragem foi efectuada utilizando o índice de diversidade de Shannon-Weiner, o índice de diversidade de Simpson, o índice de dominância e o índice de uniformidade. Os valores de Shannon e de Simpson foram os mais elevados em Udaisagar, o que indica claramente que Udaisagar é o local mais diversificado em termos de quironomídeos entre os quatro locais de amostragem. O valor mais baixo foi encontrado em Ayad, indicando claramente uma menor densidade de quironomídeos entre os quatro locais de amostragem. O valor mais elevado de dominância foi registado em Ayad, o que indica que havia uma dominância total de um único taxa nesta zona. O valor de uniformidade mais elevado registado em Pichola revela que existe uma maior probabilidade de distribuição equitativa de cada táxon. (Tabela 4.5)

	Udaisagar	Fatehsagar	Pichola	Ayad
Taxa	3	2	2	2
Shannon (H)	**0.6466**	0.5094	0.5226	0.4611
Simpson (D)	**0.3493**	0.3279	0.3394	0.2866
Domínio	0.6507	0.6721	0.6606	**0.7134**
Equilíbrio (E)	0.6363	0.8322	**0.8432**	0.7929

Tabela 4.5: Índices de diversidade dos taxa de quironomídeos em quatro locais de amostragem.

O ciclo de vida médio de larvas, pupas e adultos de *Einfeldia* foi observado dentro da câmara de cultura (Quadro 4.6).

S. N.	Fase da vida	Duração (dias)	Comprimento médio do corpo
1	Larvas	12-15	~12 mm
2	Pupae	1-2	~10 mm
3	Adultos do sexo masculino	2-3	~4,5 mm
4	Fêmeas adultas	4-5	~5mm

Tabela 4.6: Duração média do ciclo de vida e comprimento do corpo de *Einfeldia*.

4.2 MORFOLOGIA DOS QUIRONOMÍDEOS

Os quironomídeos são abundantes na região de Udaipur, mas nenhuma espécie foi registada e identificada nem nesta região nem nas suas imediações antes deste estudo. Um único quironomídeo registado em Rajasthan é *Chironomus circumdatus* em Jaipur, que fica a cerca de 300 km (distância aérea) desta região (Sharma e Gupta, 2014). Assim, partindo da ideia de especiação alopátrica e de barreiras de cruzamento, esta espécie foi considerada nova e designada por **Einfeldia pritiensis Singh e Rawal, 2016** e validamente publicada no *Journal of Entomology and Zoology Studies*. A nomenclatura das novas espécies foi feita de acordo com o Código Internacional de Nomenclatura Zoológica (ICZN) e as espécies recém-descobertas foram registadas no Zoobank (urn: lsid: zoobank.org: act: 145BFE24-64C4-4C5F-AA51- 402CDA4A1E61). O Zoobank é o registo oficial do ICZN. O género *Einfeldia* foi identificado com base no trabalho de Epler (2001) e depois criado em laboratório. Os adultos que emergiram no laboratório foram diagnosticados com as seguintes descrições morfológicas.

Descrições **morfológicas-**

Imago masculina (n=1)

Comprimento total - ~4,5 mm

Comprimento da asa - ~3,4 mm

Peso - ~0,6 mg

Coloração - Cabeça castanha, Abdómen afilado e castanho claro e Tórax castanho escuro.

Cabeça - Oval com palpómeros bem desenvolvidos.

Tórax - Triangular, mais largo na parte superior.

Asas - Membrana da asa transparente, escamas da asa ausentes, nervuras da asa claras.

Pernas - 2 garras em cada ta5 de cada perna. Membros anteriores, médios e posteriores com esporões tibiais, rácios de pernas de acordo com a tabela 4.7.

Hipopígio - HR-0.8, HV-9, volsela inferior com a forma de um bastão, gonóstilo alongado.

Materiais tipo - Holótipo: 1 macho, Índia, Rajastão, Udaipur, lago Udaisagar, 24.577515, 73.825043 (7.VIII.2015), Singh P e Rawal D, Método de cultura.

Etimologia - A espécie recebeu o nome da sua co-fundadora e minha orientadora, Dra. Preeti Singh, utilizando o sufixo latino *ensis*.

	Fe	Ti	Ta1	Ta2	Ta3	Ta4	Ta5	LR	SV	BV
Perna dianteira	1600	1280	1700	900	800	640	300	1.328	1.694	1.957
Meio da perna	1600	1500	700	500	400	280	200	0.466	4.428	3.220
Perna traseira	1700	1700	1100	680	600	80	200	0.647	30.90	2.710

Tabela 4.7: Comprimento (em µm) e rácios dos segmentos da perna do macho adulto.

LARVAS (Placas 1 e 2)

No presente estudo, as larvas dentro dos tubos de habitação mostraram movimentos limitados como comportamento de repouso, enquanto fora do tubo mostraram movimentos rápidos. Os tubos de habitação fornecem abrigo contra predadores, absorvem substâncias nocivas como purificador de água e mantêm o fluxo de água no interior. Caminham sobre superfícies sólidas, como lâminas de vidro, com a ajuda das patas dianteiras e das cerdas que lhes permitem agarrar-se a superfícies sólidas escorregadias. O corpo das larvas estava dividido em 12 segmentos corporais. O segundo segmento do corpo das larvas é o mais largo. Em laboratório, verificou-se que as larvas de Chironomidae são fortemente geo-negativas e tentam enterrar-se e esconder-se no fundo. As larvas eram de cor vermelha, com uma cápsula da cabeça bem desenvolvida e não retrátil, com peças bucais prognatas. A cápsula da cabeça das larvas é uma estrutura esclerotizada de cor escura, composta por um apótomo fronto-clipeal (fusão do apótomo frontal e do clípeo). Durante a ecdise, o apótomo frontoclipeal abre-se como uma aba dorsal. A caraterística mais dominante da cabeça das larvas era a placa dentada chamada mentum (termo mais antigo labium) no lado ventral. O mentum é uma placa de parede dupla de origem dupla. No lado lateral adjacente ao mentum, está presente um par de placas ventromentais (termo mais antigo: placas paralabiais). As placas ventromentais são estriadas e em forma de leque. O labrum estava presente antes do apótomo frontoclípeo. No lado ventral do labrum, um par de pré-mandíbulas está presente. As peças bucais mais proeminentes são mandíbulas dentadas em pares, dispostas obliquamente em relação ao plano horizontal. Cada mandíbula possui 1 dente apical e 2 internos. A maxila encontra-se dorsolateral ao mento e é importante na alimentação e na extensão da seda. As larvas tinham antenas bem desenvolvidas, não retrácteis e segmentadas, montadas num pedestal. A antena foi demarcada em segmento basal (1st segmento) e restante flagelo (2nd a 5th segmento). Uma estrutura sensorial chamada órgão anelar estava presente no segmento basal e outra estrutura sensorial chamada órgão de Lauterborn estava presente no segmento 2nd . As larvas têm manchas simples, ovóides e pigmentadas com olhos duplos. O corpo da larva é demarcado em três segmentos torácicos mais largos e nove segmentos abdominais relativamente mais estreitos. A larva de quarto instar tardio foi reconhecida pelos seus segmentos torácicos inchados. O tórax tem apêndices carnudos e não segmentados chamados parápodes anteriores (também chamados de falsas pernas) que possuem garras e estão situados no primeiro segmento torácico. Outro parapode posterior semelhante encontra-se na face ventral do segmento abdominal terminal. Juntamente com ele, um par de próceres anais (tubérculos) com um tufo apical de cerdas estava presente na face dorsal. No lado ventral, dois pares de túbulos anais (brânquias anais) estavam presentes no 8th segmento abdominal (12th segmento do corpo). Estes funcionam na regulação iónica e na respiração (Armitage *et al,* 1995). Esta larva também tinha um par de túbulos abdominais (brânquias ventrais) presentes no 7th segmento abdominal (11th segmento corporal). Estes túbulos estão cheios de hemolinfa e associados à respiração (Armitage *et al,* 1995).

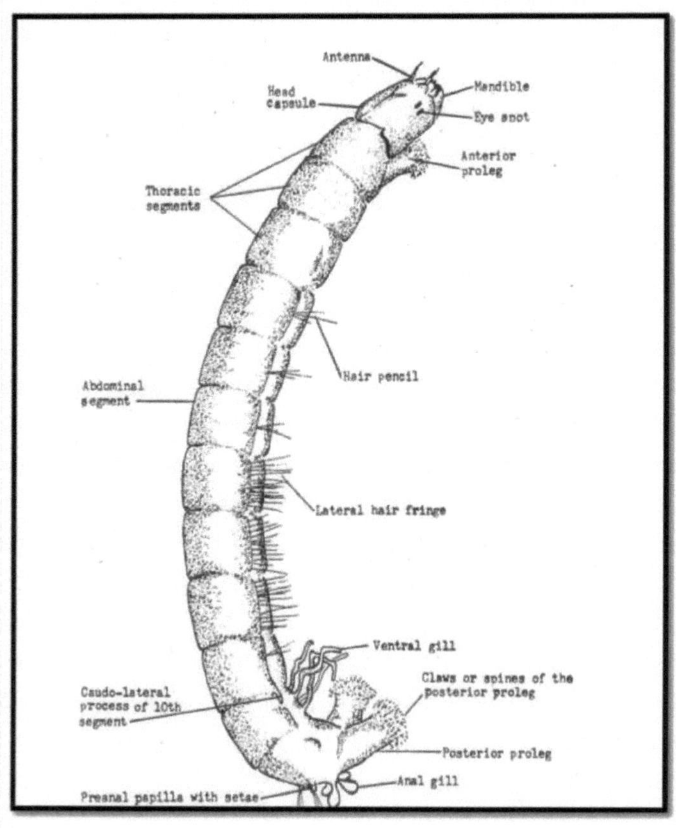

Figura 4.2: Diagrama esquemático da larva (Cortesia: Armitage *et al,* 1995).

PLACA 1

FOTOGRAFIAS DA MORFOLOGIA EXTERNA DA LARVA

Figura 1	Larvas dentro de tubos de habitação
Figura 2	Tubos de habitação isolados
Figura 3	Larva (u. m.)
Figura 4	Cabeça de larva (40X)
Figura 5	Mento e Mandíbulas (40X)
Figura 6	Placa ventromental (VMP) (100X)

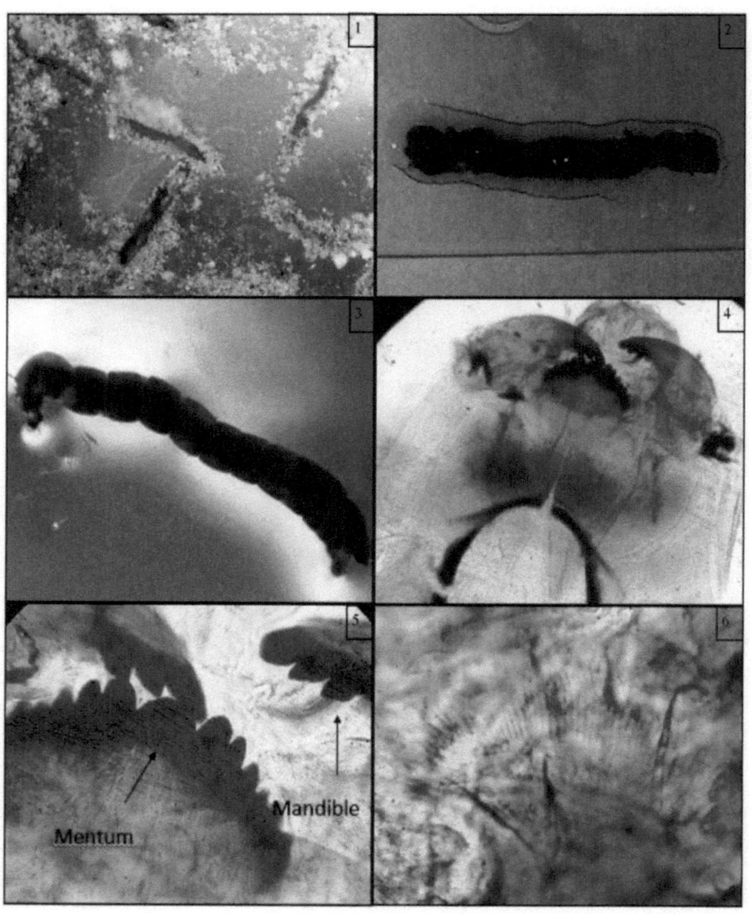

Mentum
Mandible

PLACA 2

FOTOGRAFIA DA MORFOLOGIA EXTERNA DA LARVA

Figura 1	Manchas oculares (100X)
Figura 2	Antena (40X)
Figura 3	Órgão anelar (100X)
Figura 4	Tufo apical (10X)
Figura 5	Setae nas pernas (100x)
Figura 6	Túbulos ventrais (5X)
Figura 7	Parte posterior da larva (5X)

PLATE 2

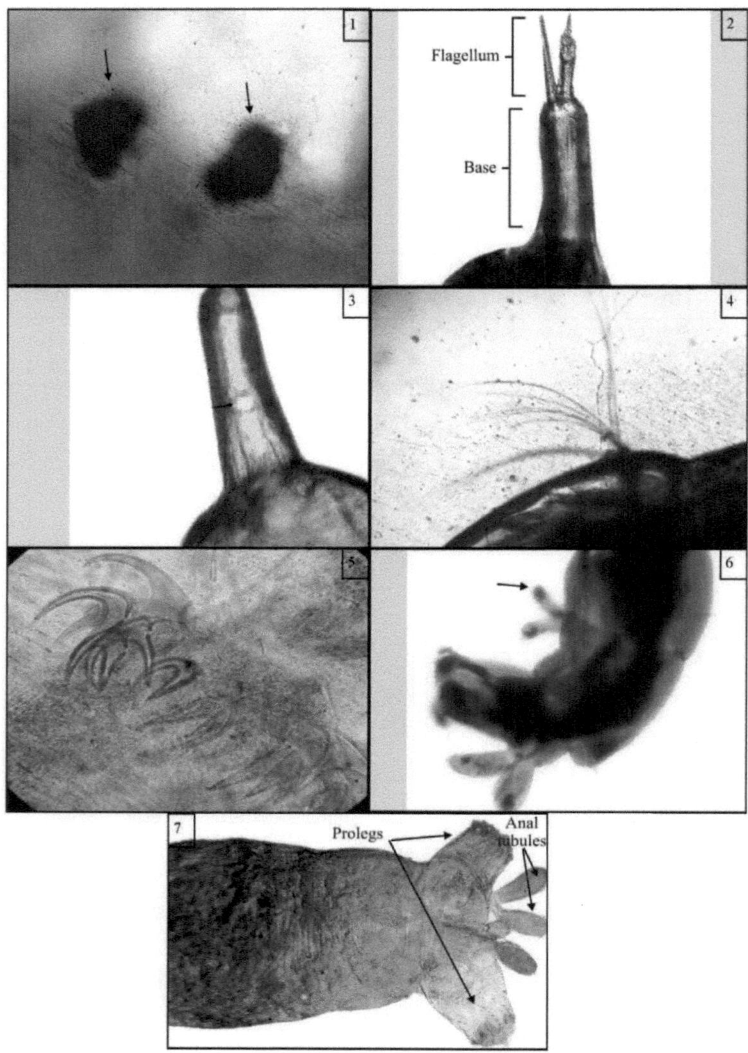

PUPAE (Prato 3)

Verificou-se que as pupas são mais pequenas do que as larvas. A fase de pupa é uma fase de curta duração em que ocorre a metamorfose. A seda segregada pelas glândulas salivares das larvas envolve a larva e forma um casulo. A pele fundida da pupa é conhecida como exúvia. A locomoção da pupa é feita através da flexão abdominal (Armitage *et al,* 1995) e observou-se que a franja anal a ajudava. A pupa fica suspensa sob a superfície da água. A pupa tem a forma de uma vírgula, com o cefalotórax inchado e o abdómen achatado dorsoventralmente. Os órgãos respiratórios torácicos emparelhados da pupa foram designados por cornos torácicos e situam-se na parte anterior do tórax. As bainhas das pernas e as bainhas das asas eram proeminentes. O abdómen da pupa tinha oito segmentos, demarcados em tergito dorsal e esternito ventral. O Shagreen está presente em 3rd a 5th tergitos. A placa frontal apresenta um tubérculo cefálico elevado. Os segmentos posteriores são modificados como um lobo anal coberto por cerdas filamentosas. Esporão caudolateral presente. Os adultos emergem das suas pupas no espaço de um minuto.

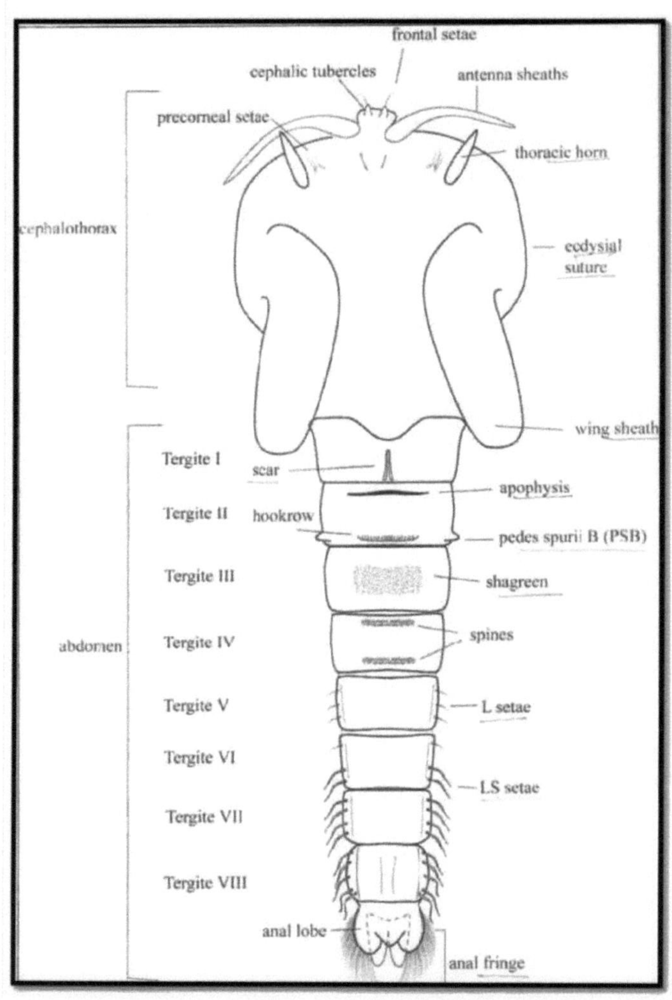

Figura 4.3: Diagrama esquemático da pupa (Cortesia: Armitage *et al*, 1995).

PLACA 3
FOTOGRAFIA DA MORFOLOGIA EXTERNA DA PUPA

Figura 1	Pupa (u. m.)
Figura 2	Bainha da asa (10X)
Figura 3	Parte posterior da larva (5X)
Figura 4	Exúvias pupais (5X)

PLATE 3

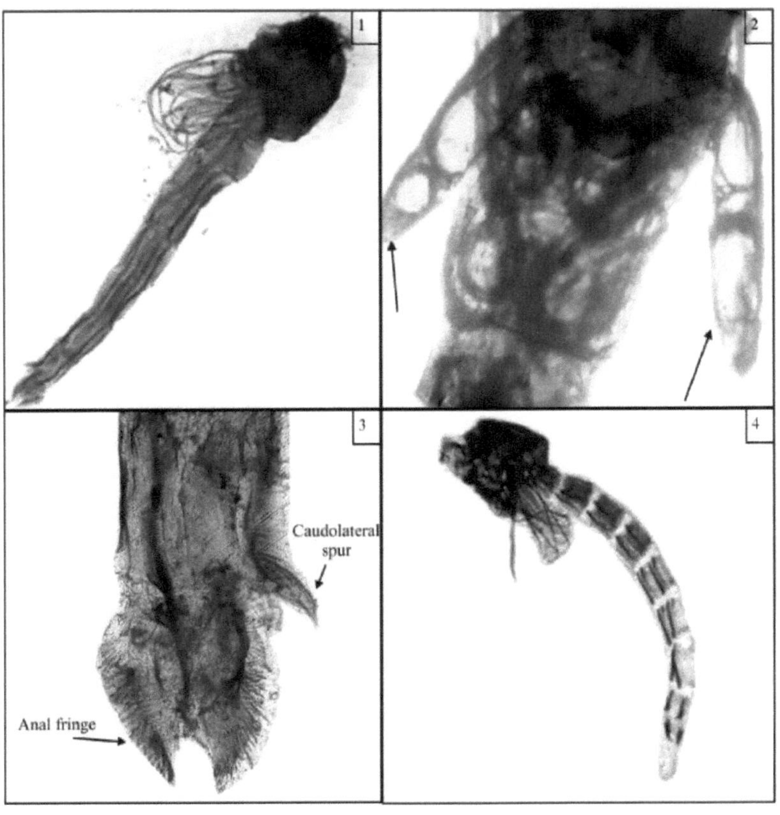

Os adultos têm um aspeto semelhante ao dos mosquitos. A cabeça dos adultos é arredondada, com peças bucais reduzidas e não mordedoras. A antena tinha flagelómeros bem desenvolvidos. A antena era sexualmente dimórfica: o macho tinha uma antena plumosa. Os olhos eram redondos e os omatídeos tinham microtríquias entre eles. O clípeo era bem desenvolvido e maior do que o labrum. As mandíbulas, a hipofaringe, o lábio e a labela formam um canal alimentar. A cabeça apresenta muitas cerdas. Tórax com duas asas funcionais bem desenvolvidas. O tórax é convexo dorsalmente, o que dá espaço para a fixação dos músculos de voo. O tórax foi demarcado em pronoto anterior (protórax), mesonoto medial (mesotórax) e postnoto posterior (metatórax). O mesonoto era a parte maior. As asas eram setosas com venação. As escamas das asas estavam ausentes. As veias primárias presentes na asa eram claras: veia cruzada umeral, veia costal, veia radial, veia medial e veia anal. Verificou-se um dimorfismo sexual na forma da asa. As asas das fêmeas são relativamente mais largas do que as dos machos. Estão presentes três pares de patas (anteriores, intermédias e posteriores). Cada perna estava dividida num fémur, numa tíbia e em cinco tarsómeros. O abdómen era achatado dorsoventralmente. O abdómen também apresenta dimorfismo sexual: o abdómen das fêmeas era mais curto e mais largo do que o dos machos. Os segmentos terminais do abdómen possuem genitália. Os órgãos genitais masculinos são constituídos por um par de clípeos, composto ainda por um gonocoxito basal e um gonóstilo apical. Estes rodeiam o ponto anal em forma de Y. O gonocoxito tem vários apêndices chamados volsellae. Os órgãos genitais masculinos passam o espermatóforo (pacote de esperma) para as espermatecas femininas (Armitage *et al*, 1995). A genitália feminina é constituída principalmente pela gonapófise e pelo gonocoxito

MORFOLOGIA EXTERNA DO MACHO ADULTO

Figura 1	Macho adulto (u. m.)
Figura 2	Cabeça de adulto (10X)
Figura 3	Olhos compostos (10X)
Figura 4	Antena (10X)

PLACA 4

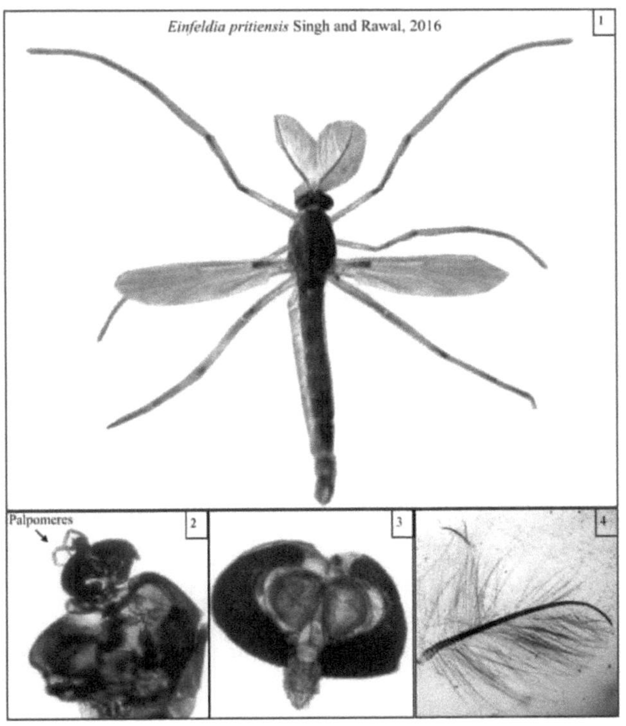

FOTOGRAFIA DA MORFOLOGIA EXTERNA DE UM MACHO ADULTO

Figura 1	Asa (5X)
Figura 2	Fémur e tíbia da perna dianteira (10X)
Figura 3	Perna dianteira tai e ta2 (10X)
Figura 4	Perna dianteira ta3-ta5 (10X)
Figura 5	Fémur e tíbia da perna média (10X)
Figura 6	Perna média ta1-ta5 (10X)
Figura 7	Fémur e tíbia do membro posterior (10X)
Figura 8	Perna traseira ta1-ta5 (10X)
Figura 9	Esporão tibial (40X)
Figura 10	Garras em ta5 (40X)
Figura 11	Hipopygia (10X)

PLATE 5

Femur
Tibia
ta2
ta1
ta5
ta4
ta3
Tibia
Femur
ta5
ta4
ta3
ta2
ta1
Tibia
Femur
ta5
ta4
ta3
ta2
ta1
Anal
point
Gonocoxite
Gonostylus
Inferior
volsella

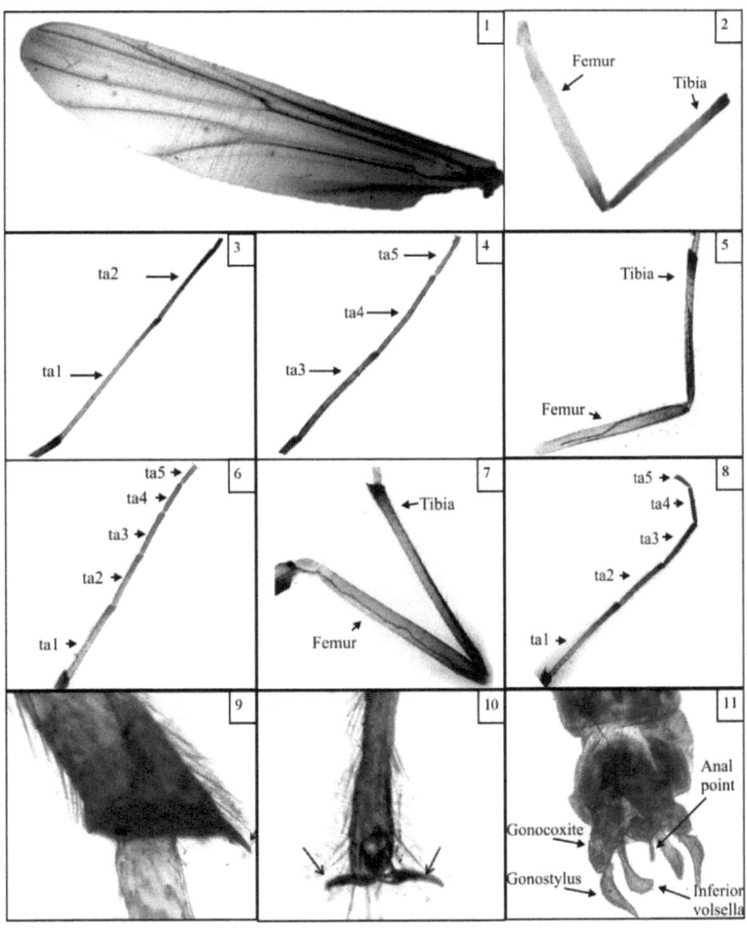

MORFOLOGIA EXTERNA DA FÊMEA ADULTA

Figura 1	Fêmea adulta (u. m.)
Figura 2	Antenas (10X)
Figura 3	Cápsula seminal (40X)
Figura 4	Órgãos genitais femininos (10X)

PLACA 6

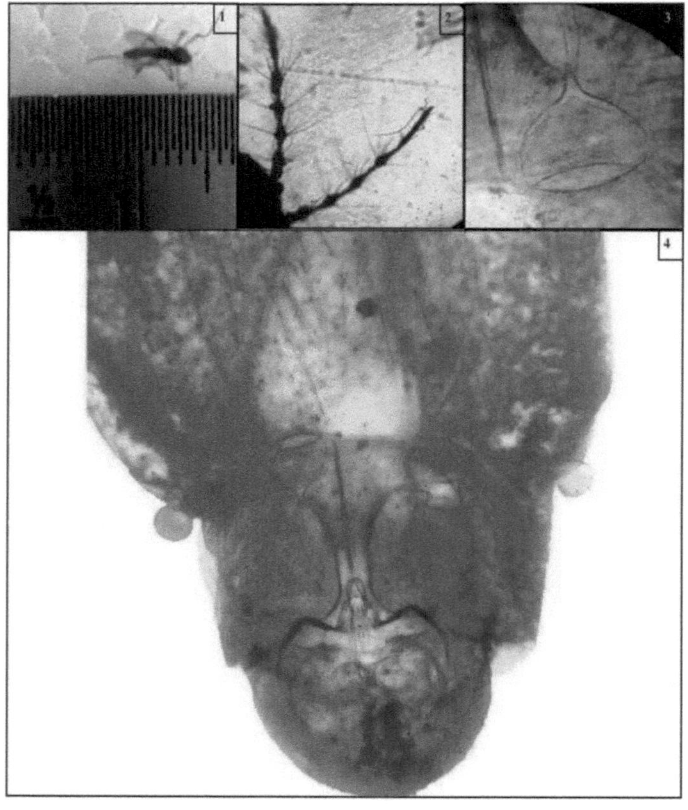

4.3 FILOGENIA MOLECULAR DOS QUIRONOMÍDEOS

No presente estudo, para avaliar a filogenia molecular de *Einfeldia,* foi efectuada a sequenciação Sanger do gene mitocondrial da citocromo oxidase 1 (COI) utilizando os iniciadores universais específicos da citocromo oxidase 911 (5'-TTTCTACAAATCATAAAGATATTGG-3') e 912 (5'-TAAACTTCAGGGTGACCAAAAAATCA-3'). A sequência de nucleótidos obtida com estes iniciadores é a seguinte

Sequência obtida utilizando o primer 911 -

TAATAACAATCGATCATACAAACAATGGTATTCGATCTAGAGTGATTCCTCTCGATCGT
ATATTAATTACTGTTGTAATAAAATTTACTGATCCTAAAATAGAAGAAACACCTGCGAG
ATGTAGAGAGAAAATGGCAAGATCTACTGAAGCTCCTCTATGAGCAATTCTTGCTGAT
AAAGGGGGGGTAAACTGTTCATCCGGTTCCTGCTCCATTTTCTACAATAGAACTTGAAA
GAAGAAGAGTAAGAGAAGGAGGTAAAAGTCAAAAGCTTATGTTATTTATTCGAGGAAA
GGCTATATCTGGGGCTCCTAGTATTAAAGGGACAAGTCAGTTTCCAAATCCCCCAATT
AAAATAGGTATAACTATAAAAAAAATTATAATAAATGCGTGAGCTGTAACGATAACATT
GTAAATTTGGTCATCTCCAATTAAAGTACCTGGATGCCCTAATTCAGCTCGAATTAATA
TACTAAGGGAAGTACCTACTATTCCAGATCAAGCTCCGAAAATAAAATAAAGGGTTCC
A ATATCTTTATGTTTGGGT

Sequência obtida utilizando o iniciador 912-

GTTATCGTTACAGCTCACGCATTTATTATAATTTTTTTTATAGTTATACCTATTTTAATTG
GGGGATTTGGAAACTGACTTGTCCCTTTAATACTAGGAGCCCCAGATATAGCCTTTCC
TCGAATAAATAACATAAGCTTTTGACTTTTACCTCCTTCTCTTACTCTTCTTCTTTCAAG
TTCTATTGTAGAAAATGGAGCAGGAACCGGATGAACAGTTTACCCCCCTTTATCAGCA
AGAATTGCTCATAGAGGAGCTTCAGTAGATCTTGCCATTTTCTCTCTACATCTCGCAG
GTGTTTCTTCTATTTTAGGATCAGTAAATTTTATTACAACAGTAATTAATATACGATCGA
GAGGAATCACTCTAGATCGAATACCATTGTTTGTATGATCGATTGTTATTACTACAGTT
CTACTTCTCCTTTCATTACCAGTATTAGCTGGAGCTATCACAATACTACTAACTGACCG
AAATTTAAATACTTCCTTTTTCGACCCAGCTGGAGGAGGTGATCCTATTCTTTACCAAC
ATTTATTTTGATTTTTTTTGGTCACCTGGAAAATTTAAA

Sequência contígua-

TTTAAATTTTCCAGGTGACCAAAAAATCAAAATAAATGTTGGTAAAGAATAGGATCACC
TCCTCCAGCTGGGTCGAAAAAGGAAGTATTTAAATTTCGGTCAGTTAGTAGTATTGTG
ATAGCTCCAGCTAATACTGGTAATGAAAGGAGAAGTAGAACTGTAGTAATAACAATCG

ATCATACAAACAATGGTATTCGATCTAGAGTGATTCCTCTCGATCGTATATTAATTACT
GTTGTAATAAAATTTACTGATCCTAAAATAGAAGAAACACCTGCGAGATGTAGAGAGA
AAATGGCAAGATCTACTGAAGCTCCTCTATGAGCAATTCTTGCTGATAAAGGGGGGTA
AACTGTTCATCCGGTTCCTGCTCCATTTTCTACAATAGAACTTGAAAGAAGAAGAGTA
AGAGAAGGAGGTAAAAGTCAAAAGCTTATGTTATTTATTCGAGGAAAGGCTATATCTG
GGGCTCCTAGTATTAAAGGGACAAGTCAGTTTCCAAATCCCCCAATTAAAATAGGTAT
AACTATAAAAAAAATTATAATAAATGCGTGAGCTGTAACGATAACATTGTAAATTTGGT
CATCTCCAATTAAAGTACCTGGATGCCCTAATTCAGCTCGAATTAATATACTAAGGGA
AGTACCTACTATTCCAGATCAAGCTCCGAAAATAAAATAAAGGGTTCCAATATCTTTAT
GTTTGGGT

Tamanho da sequência contígua - 708 pb

Depois de obter uma sequência contígua, esta sequenciação foi analisada com o software de acesso livre NCBI BLAST e obteve resultados NCBI, relatório de taxonomia, relatório de linhagem e árvore de filogenia (Figuras 4.4 a 4.7). Os dados mostram a estreita relação de *Einfeldia* com *Polypedilum* e *Phortica* (Drosophilidae) (Figura 4.8).

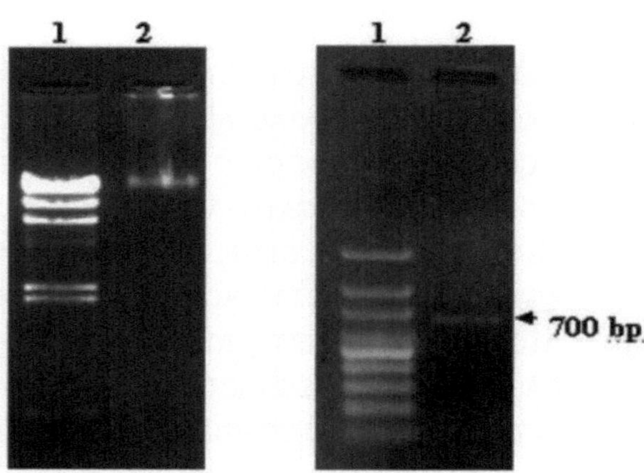

Figura 4.4: Fotografia do gel 1: (Linha 1. *Hind* III DNA Ladder; Linha 2. ADN das larvas); Fotografia do gel 2: (Linha 1. 100 bp DNA Ladder; Linha 2. Amplicon gerado com 911-912 prime).

Description	Max score	Total score	Query cover	E value	Ident	Accession
Phortica nudiarista isolate 1931 cytochrome oxidase subunit I gene, partial cds; mitochondrial	706	706	97%	0.0	85%	KU243347.1
Phortica foliiseta isolate 1915 cytochrome oxidase subunit I gene, partial cds; mitochondrial	706	706	97%	0.0	85%	KU243341.1
Chironominae sp. BOLD:ACG9457 voucher MDFRC_DI0052 cytochrome oxidase subunit 1 (COI) gene, partial cds; mitochondrial	701	701	97%	0.0	85%	KP697476.1
Phortica nudiarista isolate 1919 cytochrome oxidase subunit I gene, partial cds; mitochondrial	695	695	97%	0.0	85%	KU243346.1
Phortica speculum voucher DIP124111 cytochrome oxidase subunit 1 (COI) gene, partial cds; mitochondrial	695	695	97%	0.0	85%	KJ083036.1
Phortica speculum voucher DIP124110 cytochrome oxidase subunit 1 (COI) gene, partial cds; mitochondrial	695	695	97%	0.0	85%	KJ083035.1
Chironomidae sp. GES-2010 isolate C5 cytochrome oxidase subunit I (COI) gene, partial cds; mitochondrial	736	736	97%	0.0	86%	GU565707.1
Chironomidae sp. GES-2010 isolate C4 cytochrome oxidase subunit I (COI) gene, partial cds; mitochondrial	732	732	97%	0.0	86%	GU565708.1
Phortica nudiarista isolate 1953 cytochrome oxidase subunit I gene, partial cds; mitochondrial	699	699	97%	0.0	85%	KU243348.1
Phortica pavnianista voucher DIP124098 cytochrome oxidase subunit 1 (COI) gene, partial cds; mitochondrial	713	713	96%	0.0	85%	KJ083023.1
Chironomidae sp. GES-2010 isolate D5 cytochrome oxidase subunit I (COI) gene, partial cds; mitochondrial	713	713	96%	0.0	85%	GU565715.1
Chironomidae sp. GES-2010 isolate B9 cytochrome oxidase subunit I (COI) gene, partial cds; mitochondrial	713	713	96%	0.0	85%	GU565712.1

Figura 4.5: Acertos NCBI obtidos.

Taxonomy	Number of hits	Number of Organisms	Description
⊟Diptera	151	27	
. ⊟Chironomidae	138	21	
. . ⊟Chironominae	122	14	
. . . ⊟Chironomini	99	10	
. . . . ⊟Polypedilum	98	9	
. . . . . Polypedilum sp. BOLD:ACC5662	1	1	Polypedilum sp. BOLD:ACC5662 hits
. . . . . Polypedilum nubifer	74	1	Polypedilum nubifer hits
. . . . . Polypedilum scalaenum	3	1	Polypedilum scalaenum hits
. . . . . Polypedilum unifascium	1	1	Polypedilum unifascium hits
. . . . . Polypedilum sp. BOLD-2016	5	1	Polypedilum sp. BOLD-2016 hits
. . . . . Polypedilum sp. TE02	2	1	Polypedilum sp. TE02 hits
. . . . . Polypedilum sp. BOLD:AAN8908	1	1	Polypedilum sp. BOLD:AAN8908 hits
. . . . . Polypedilum kyotoense	1	1	Polypedilum kyotoense hits
. . . . . Polypedilum sp. 1 WHW-2014	10	1	Polypedilum sp. 1 WHW-2014 hits
. . . . Phaenopsectra sp. BOLD:AAN8990	1	1	Phaenopsectra sp. BOLD:AAN8990 hits
. . . Riethia stictoptera	10	1	Riethia stictoptera hits
. . . Tanytarsus inextentus	6	1	Tanytarsus inextentus hits
. . . ⊟Unclassified Chironominae	7	2	
. . . . Chironominae sp. BOLD-2016	6	1	Chironominae sp. BOLD-2016 hits
. . . . Chironominae sp. BOLD:ACG9457	1	1	Chironominae sp. BOLD:ACG9457 hits
. . ⊟unclassified Chironomidae	16	7	
. . . Chironomidae sp. GES-2010	4	1	Chironomidae sp. GES-2010 hits
. . . Chironomidae sp. BOLD:ACC8266	3	1	Chironomidae sp. BOLD:ACC8266 hits
. . . Chironomidae sp. BOLD:ACG2764	5	1	Chironomidae sp. BOLD:ACG2764 hits
. . . Chironomidae sp. BE-2012	1	1	Chironomidae sp. BE-2012 hits
. . . Chironomidae sp. BOLD:ACL4023	1	1	Chironomidae sp. BOLD:ACL4023 hits
. . . Chironomidae sp. BOLD:ABA0772	1	1	Chironomidae sp. BOLD:ABA0772 hits
. . . Chironomidae sp. BOLD:ACB0738	1	1	Chironomidae sp. BOLD:ACB0738 hits
. Diptera sp. KMGHap_100	1	1	Diptera sp. KMGHap_100 hits
. ⊟Phortica	12	5	
. . ⊟Phortica	9	4	
. . . Phortica pavriarista	1	1	Phortica pavriarista hits
. . . Phortica nudiarista	5	1	Phortica nudiarista hits

Figura 4.6: Relatório de taxonomia.

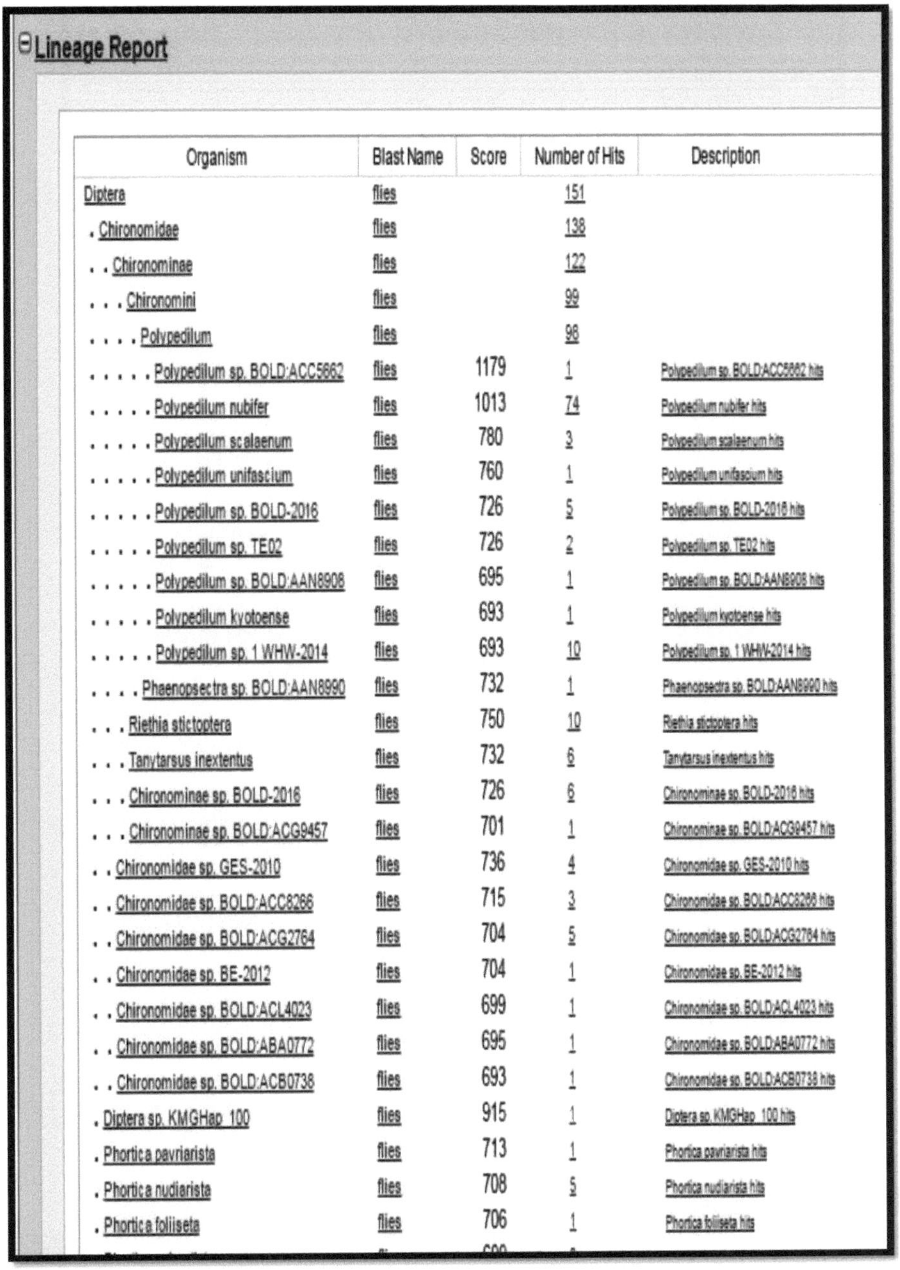

Lineage Report

Organism	Blast Name	Score	Number of Hits	Description
Diptera	flies		151	
. Chironomidae	flies		138	
. . Chironominae	flies		122	
. . . Chironomini	flies		99	
. . . . Polypedilum	flies		98	
. . . . . Polypedilum sp. BOLD:ACC5662	flies	1179	1	Polypedilum sp. BOLD:ACC5662 hits
. . . . . Polypedilum nubifer	flies	1013	74	Polypedilum nubifer hits
. . . . . Polypedilum scalaenum	flies	780	3	Polypedilum scalaenum hits
. . . . . Polypedilum unifascium	flies	760	1	Polypedilum unifascium hits
. . . . . Polypedilum sp. BOLD-2016	flies	726	5	Polypedilum sp. BOLD-2016 hits
. . . . . Polypedilum sp. TE02	flies	726	2	Polypedilum sp. TE02 hits
. . . . . Polypedilum sp. BOLD:AAN8908	flies	695	1	Polypedilum sp. BOLD:AAN8908 hits
. . . . . Polypedilum kyotoense	flies	693	1	Polypedilum kyotoense hits
. . . . . Polypedilum sp. 1 WHW-2014	flies	693	10	Polypedilum sp. 1 WHW-2014 hits
. . . . Phaenopsectra sp. BOLD:AAN8990	flies	732	1	Phaenopsectra sp. BOLD:AAN8990 hits
. . . Riethia stictoptera	flies	750	10	Riethia stictoptera hits
. . . Tanytarsus inextentus	flies	732	6	Tanytarsus inextentus hits
. . . Chironominae sp. BOLD-2016	flies	726	6	Chironominae sp. BOLD-2016 hits
. . . Chironominae sp. BOLD:ACG9457	flies	701	1	Chironominae sp. BOLD:ACG9457 hits
. . Chironomidae sp. GES-2010	flies	736	4	Chironomidae sp. GES-2010 hits
. . Chironomidae sp. BOLD:ACC8266	flies	715	3	Chironomidae sp. BOLD:ACC8266 hits
. . Chironomidae sp. BOLD:ACG2764	flies	704	5	Chironomidae sp. BOLD:ACG2764 hits
. . Chironomidae sp. BE-2012	flies	704	1	Chironomidae sp. BE-2012 hits
. . Chironomidae sp. BOLD:ACL4023	flies	699	1	Chironomidae sp. BOLD:ACL4023 hits
. . Chironomidae sp. BOLD:ABA0772	flies	695	1	Chironomidae sp. BOLD:ABA0772 hits
. . Chironomidae sp. BOLD:ACB0738	flies	693	1	Chironomidae sp. BOLD:ACB0738 hits
. Diptera sp. KMGHap_100	flies	915	1	Diptera sp. KMGHap_100 hits
. Phortica pavriarista	flies	713	1	Phortica pavriarista hits
. Phortica nudiarista	flies	708	5	Phortica nudiarista hits
. Phortica foliiseta	flies	706	1	Phortica foliiseta hits

Figura 4.7: Relatório de linhagem.

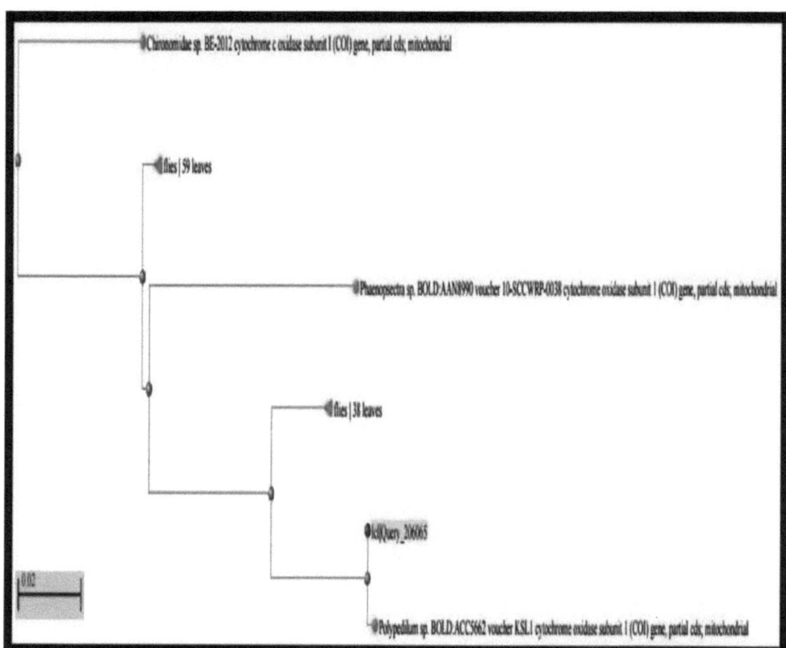

Figura 4.8: Árvore de filogenia obtida.

CAPÍTULO 5. DEBATE

Os quironomídeos não foram estudados na região de Udaipur devido aos seus hábitos não picantes e à falta de conhecimento da sua presença e do valor dos ecossistemas de água doce. Não existem trabalhos científicos disponíveis sobre os quironomídeos desta região. O presente estudo inclui uma breve descrição da ecologia, diversidade, comportamento, dispersão, sistemática, morfologia e filogenia molecular dos quironomídeos encontrados na região de Udaipur. Por conseguinte, este trabalho de base irá saciar a sede de conhecimentos sobre os quironomídeos desta região. Os locais de amostragem do presente estudo são as principais massas de água da região. Este facto torna o trabalho mais curioso e crucial.

O lago Fatehsagar e o lago Pichola são drenados pelo riacho Sisarma, um afluente do rio Kotra, que drena uma bacia hidrográfica das montanhas Aravali. O lago Udaisagar é drenado pelo rio Ayad. O rio Ayad é o principal rio da bacia de Udaipur. É alimentado desde Bedla até ao lago Udaisagar. Para além do rio Udaisagar, passa até 75 km e é designado por Udaisagar ka nala. Posteriormente conhecido como rio Berach, percorre mais 70 km em direção a nordeste e finalmente funde-se com o rio Banas no distrito de Bhilwara, que é um afluente do rio Chambal. O Chambal é novamente um afluente do rio Yamuna e o Yamuna é o principal afluente do rio Ganges. Assim, há possibilidades de relação entre os Chironomidae de Udaipur e outros Chironomidae de planície encontrados na região associada a jusante.

De acordo com Brundin (1966), a evolução dos mosquitos começou, em primeiro lugar, nos habitats frescos das zonas superiores dos cursos de água das montanhas e, depois, adaptaram-se secundariamente aos habitats quentes. Uma vez que Udaipur é uma região montanhosa (500-600 m.a.s.l.), pode ser o local de origem destas espécies e, mais tarde, podem ter-se espalhado a jusante. Esta altitude elevada também lhe confere uma barreira de cruzamento com os quironomídeos das terras baixas. A maior parte do presente estudo incidiu sobre os estádios larvares, uma vez que se trata do estádio mais longo e os outros têm uma vida muito curta. Para simplificar a descrição e a avaliação das classificações taxonómicas, apenas foram enumerados os caracteres distintivos. Apenas os caracteres larvares não são suficientes para a identificação de géneros inferiores. Assim, foram utilizados caracteres dos adultos criados para a determinação das espécies. Este é o primeiro estudo que dá ênfase aos caracteres acima referidos dos quironomídeos nesta região.

Eggermont e Heiri (2012) analisaram a natureza da relação entre os Chironomídeos e a temperatura com base nas provas ecológicas disponíveis. Depois de discutirem muitos dos estudos que descrevem a distribuição dos taxa de Chironomidae nos sedimentos da superfície dos lagos em relação à temperatura, examinaram as provas de estudos laboratoriais e de campo que exploram os efeitos da temperatura na fisiologia, no ciclo de vida e no comportamento dos Chironomidae. As suas conclusões sugerem que os efeitos indirectos da temperatura nas caraterísticas físicas e químicas dos lagos desempenham um papel importante na determinação da distribuição das larvas de quironomídeos que vivem nos lagos. No entanto, também demonstraram que não foi identificado um mecanismo indireto único que possa explicar a forte relação entre a distribuição dos quironomídeos e a temperatura em todas as regiões e bases de dados atualmente disponíveis. Assim, no presente estudo, foi feito um esforço para obter uma correlação entre a densidade das larvas de Chironomidae e a temperatura da água, tendo-se verificado que estavam forte e positivamente correlacionadas.

O estatuto taxonómico da família Chironomidae inclui 11 subfamílias (Chironominae, Orthocladiinae, Prodiamesinae, Diamesinae, Buchonomyiinae, Chilenomyiinae, Tanypodinae, Usumbaromyiinae, Podonominae, Aphroteniinae e Telmatogetoninae). Chaudhuri *et al* (2001) prepararam uma lista de controlo dos quironomídeos da Índia, que inclui 111 espécies de 10 géneros numa única subfamília Chironominae. Também não foram registadas espécies de quironomídeos do Rajastão, com exceção de uma única espécie, *Chironomus circumdatus*, identificada em Jaipur (Sharma e Gupta 2014), que fica a mais de 300 km de Udaipur. Os três géneros referidos no presente estudo pertencem a uma única subfamília Chironominae e a tribo Chironomini indica a sua maior diversidade nesta área. Não foram observados *Chironomus* nos lagos Fatehsagar e Pichola. Este facto pode dever-se à sua não resiliência. *Polypedilum* e *Einfeldia* foram encontrados em igual percentagem em Fatehsagar e Pichola, o que pode dever-se ao seu sistema de drenagem comum. *Polypedilum* esteve ausente em Ayad devido à sua preferência por habitats lênticos e Udaisagar tem as três subfamílias, o que pode dever-se ao facto de o habitat isolado receber drenagem tanto do rio Ayad como de outras fontes na estação das chuvas.

A análise da biodiversidade de quironomídeos até ao nível genérico indica que os quironomídeos são mais diversificados no lago Udaisagar. Tal pode dever-se ao facto de a qualidade da água permanecer constante nestas massas de água e estar disponível durante todo o ano. O lago Udaisagar constitui um local favorável para os quironomídeos, uma vez que apenas as espécies resistentes conseguem sobreviver fora da estação das chuvas. O nível da água em Udaisagar desce gradualmente fora da estação das chuvas.

Sabe-se que os quironomídeos vivem perto da costa, em habitat bentónico, e que se alimentam de detritos moles, pelo que só as espécies altamente adaptáveis conseguem sobreviver. A diminuição da diversidade no rio Ayad está relacionada com a poluição orgânica e industrial. Por vezes, o rio está completamente seco durante o ano. Esta pode ser outra razão para a menor diversidade. No entanto, deve notar-se que os quironomídeos podem dispersar-se não só nas formas larvares, mas também nas formas adultas, através do voo. O cruzamento livre pode estar presente em todos os locais de amostragem devido ao facto de os lagos Fatehsagar e Pichola serem adjacentes e de o rio Ayad estar ligado a ambos os lagos e também ao lago Udaisagar. A presença de quironomídeos nos quatro locais de amostragem está relacionada com a sua adaptabilidade e sobrevivência em ambientes com pouco oxigénio, devido à presença de análogos da hemoglobina nos seus corpos. Apresentam respiração cutânea e movimentos rápidos de natação lateral não cumulativa, o que lhes proporciona um arejamento adequado em ambientes com pouco oxigénio e os ajuda na respiração. Os movimentos ondulatórios laterais requerem muita energia para a contração contínua dos músculos da parede lateral do corpo, e este gasto de energia foi evitado pelo repouso nos tubos. Este tipo de movimentos não cumulativos foi repetido periodicamente com um intervalo de tempo indefinido, demonstrando a gestão e conservação de energia.

Algumas larvas de quironomídeos são vulgarmente designadas por vermes sanguíneos por possuírem no seu corpo o pigmento vermelho da hemolinfa, análogo à hemoglobina. Embora se tenha demonstrado que a hemoglobina se encontra amplamente distribuída por todo o reino animal, observou-se que a sua ocorrência em invertebrados se restringe apenas a alguns representantes dos grandes grupos taxonómicos. A hemoglobina dos quironomídeos, membros das proteínas respiratórias dos insectos, tem sido amplamente estudada e considerada um material de investigação muito atrativo, uma vez que oferece o modelo mais simples para hemoglobinas mais complexas. No passado, a capacidade de muitas larvas de Chironomidae sobreviverem em condições de baixa concentração de oxigénio atraiu a atenção e considerou-se que esta capacidade estava geralmente relacionada com a sua posse de hemoglobina. A sua capacidade de captar oxigénio é ainda aumentada pelos seus movimentos ondulatórios. A hemoglobina está presente em todos os Chironominae, em certas larvas de Tanypodinae e em *Propsilocerus* e *Tokunagayusurika* entre os Orthocladiinae. Em todas as larvas de Chironominae registadas na região de Udaipur, observou-se a presença deste análogo da hemoglobina vermelha. A presença deste pigmento permite-lhes extrair e armazenar oxigénio em ambientes de oxigénio extremamente baixo (Bergtrom *et al.* 1976). A predominância destas larvas vermelhas de Chironomidae na região de Udaipur relaciona-as com um ambiente de baixo oxigénio devido à elevada altitude desta região e à poluição orgânica resultante de esgotos domésticos e industriais.

A biologia dos quironomídeos indianos não foi estudada em pormenor e apenas existiam conhecimentos superficiais antes dos estudos exaustivos de Chaudhuri *et al* (1992) e Choudhuri e Chattopadhyay (1990). Muitos estudos mostraram que as larvas sobrevivem em situações de stress ambiental extremo e têm uma tolerância notável a temperaturas extremas e à dessecação (Hein e Schmulbach, 1972). Verificou-se que isto é verdade para a presente espécie de Chironomidae porque todas as condições adversas acima referidas são caracterizadas na presente área de estudo. Os hábitos alimentares das larvas de Chironomidae são diversos (Izvekova, 1971). A análise do conteúdo intestinal das larvas de Chironomidae mostrou que este organismo se alimenta de algas e detritos (Oliver, 1971). A criação comercial de quironomídeos foi tentada em vários países, *nomeadamente* Hong Kong, Tailândia como alimento para peixes. Alimentam-se por filtração (Jonasson e Kristiansen, 1967). As larvas alimentam-se de uma grande variedade de alimentos, o que não prova uma grande seletividade nos hábitos alimentares (Alfred, 1974), garantindo a sobrevivência numa vasta gama de habitats. O presente estudo está em conformidade com esta opinião. Na minha opinião pessoal, a alimentação selectiva não pode ser uma boa estratégia de sobrevivência para uma espécie tão resistente. No presente estudo, as pupas e os adultos não se alimentam, o que sugere que a alimentação das larvas é suficiente para os desenvolvimentos subsequentes. No entanto, não foi dado qualquer alimento aos adultos, uma vez que estavam fechados na rede, mas estes cresceram normalmente. O presente estudo pode ser considerado como uma elaboração da biologia dos Quironomídeos.

As larvas penetram geralmente apenas alguns centímetros do substrato para construir a sua residência abaixo dos 10 cm (Choudhuri e Chattopadhyay, 1990). No presente estudo, foram encontradas larvas até 5 cm de superfície de lama. As larvas eram geopositivas e fotonegativas. De acordo com Edgar e Meadows (1969), as larvas instalam-se na lama e começam a construir tubos de habitação com partículas finas cimentadas com saliva. No presente estudo, utilizámos areia grossa para a cultura em vez de lama para evitar qualquer contaminação. Verificou-se que as larvas ainda faziam tubos de habitação na areia. Segundo Brundin (1966), os Quironomídeos possuem dois tipos de pupas, as de natação livre e as sedentárias. No presente estudo, verificou-se que as pupas das espécies actuais eram de natação livre. Embora os caracteres exógenos, como a temperatura e o fotoperíodo, desempenhem um papel fundamental na emergência (Palmen, 1962). Segundo Ali (1980), a emergência é regulada por um "relógio interno" (ritmo endógeno) que é influenciado por estímulos externos (factores exógenos). No entanto, no presente estudo, não foi observada uma hora específica para a emergência dos adultos. Os adultos foram capazes de voar imediatamente após a emergência.

Há muito tempo que os mosquitos quironomídeos são conhecidos mundialmente como pragas e incómodos para a saúde humana e a agricultura. Os grandes enxames de mosquitos que emergem de lagos em zonas urbanas causam incómodos e prejuízos económicos aos residentes à beira do lago. A extensão dos danos causados pelos mosquitos inclui o entupimento de unidades de ar condicionado e radiadores de automóveis, a sujidade de automóveis, a deformação de paredes e até mesmo a indústria de plásticos, de tintas, de lacticínios farmacêuticos e de transformação de alimentos. A hemoglobina das larvas e a epiderme dos adultos causam conjuntivite, rinite e asma (Sublette, 1985). De acordo com Wang e Yang (2000) e Ree e Kim (1988), 186 espécies de 67 géneros estão a causar danos significativos ao arroz (Kukichi *et al*, 1990). Suspeita-se que as larvas danificam as culturas de campo, incluindo o trigo e o milho de inverno, a batateira e várias culturas hortícolas de interior, nomeadamente a alface e os tomates jovens (Cranston, 1987). Os quironomídeos causam asma e alergia (Kawai e Konishi, 1986; Igarashi *et al.*, 1987). Os quironomídeos que causam problemas médicos são principalmente alergias humanas decorrentes da hemoglobina das larvas e da epiderme dos adultos, causando conjuntivite, rinite, febre dos fenos ou asma (Sublette, 1985). As larvas actuam como reservatórios naturais de microrganismos e servem de portador mecânico do agente patogénico da cólera *(Vibrio cholera)*, que foi isolado da massa de ovos de quironomídeos (Halpern *et al*, 2003, 2004). Os quironomídeos também actuam como pragas do arroz (Abul-Nasr *et al*, 1970; Clement *et al*, 1977). Assim, o presente estudo também pode ser utilizado para conceber medidas de controlo destes mosquitos incómodos.

Muitos atributos benéficos podem ser correlacionados com a presença de Chironomidae. As larvas de Chironomidae podem lidar com o aumento da salinidade, uma vasta gama de pH e são conhecidas por serem notavelmente tolerantes à poluição orgânica e por metais pesados. Alguns cientistas sugeriram que este facto se deve a uma adaptação genética. São frequentemente considerados como indicadores de avaliação da poluição da água (Kawai *et al*, 1989; Bazzanti e Bambacigno, 1987; Ruse e Wilson, 1984 e Halvorsen, 1999). A sua presença é também um indicativo de avaliação ambiental da biodiversidade (Barbosa *et al*, 2001; Morais *et al* 2010; Cota *et al*, 2002). Desempenham o seu papel na classificação do sistema lacustre e na avaliação ambiental (Kawai *et al*, 1989; Cranston, 1990; Wang e Yang, 2003). A presença de indivíduos de Chironomidae deformados indica stress tóxico (Rossaro, 1979; Warwick, 1990; Bisthoven, 2000). Estes quironomídeos são, em geral, tolerantes à contaminação por metais pesados (Pinder, 1986). Assim, as deformações morfológicas dos quironomídeos, juntamente com o desaparecimento de espécies sensíveis, têm sido utilizadas como biomonitorização e rastreio biológico para a avaliação de produtos químicos tóxicos, metais pesados e invertebrados bentónicos de ecossistemas de água doce (Bisthoven *et al*, 1992; Warwick, 1992; Hudson e Cibrowski, 1996 e Carew *et al*, 2003). As exúvias pupais também têm sido utilizadas como ferramentas na classificação e gestão de lagos e rios e para a monitorização e controlo da poluição (Bazerque *et al*, 1989). Devido à existência de um ecossistema de água doce maior nesta área e ao facto de serem abundantes e facilmente acessíveis, podemos utilizar estes quironomídeos como bioindicadores de recursos aquáticos e relacioná-los com a ecologia de uma determinada área, o que beneficiaria a comunidade desta área.

A diversidade de espécies foi registada como sendo muito elevada e, na literatura relevante, é necessário realizar numerosos trabalhos especializados. Por estas razões, muitos estudiosos de macroinvertebrados têm-se afastado de uma análise adequada destes mosquitos não mordedores e este grupo tem sido ignorado devido a problemas taxonómicos relacionados com a sua identificação. De entre as várias medições, o comprimento dos segmentos das pernas dos adultos tem sido considerado como o instrumento mais fiável para a taxonomia dos quironomídeos. Os caracteres mais notáveis dos adultos são a hipopigia, que apresenta uma ampla gama de variações numa estrutura em diferentes espécies. As descrições morfológicas e as medidas fornecidas no presente estudo fornecerão dados de base e referências futuras para o estudo dos quironomídeos nesta região.

A literatura sobre a existência de *Einfeldia* é escassa. A espécie-tipo de *Einfeldia* é *Einfeldia pectoralis* Kieffer. Um grupo de *Einfeldia* definido de forma restrita contém *Einfeldia pectoralis* Kieffer, *Einfeldia pagana* Meigen (incluindo o sinónimo *Einfeldia synchrona* Oliver) e as japonesas *Einfeldia ocellata* Hashimoto e *Einfeldia kanazawai* Yamamoto. Durante este estudo, foi descoberta uma nova espécie de Chironomidae, designada **Einfeldia pritiensis Singh e Rawal, 2016**, e esta espécie recém-descoberta foi registada no Zoobank (urn:lsid:zoobank.org:act: 145BFE24-64C4-64C5F-AA5F-AA51-402CDA4A1E61). Esta espécie recém-descoberta, *Einfeldia pritiensis*, fornece uma visão mais aprofundada dos Quironomídeos existentes nesta área.

A sequenciação de Chironomidae é uma ferramenta importante para avaliar a filogenia e a taxonomia. Montagna *et al* (2016) investigaram a taxonomia integrada e o código de barras de ADN de Chironomidae alpinos. Com base no seu estudo, pode concluir-se que a identificação molecular representa uma ferramenta promissora que pode ser adoptada na avaliação da biodiversidade. No presente estudo, a filogenia molecular de *Einfeldia* encontrada nesta região, com base na sequenciação do gene mitocondrial Oitocromo Oxidase subunidade 1 (COI) de *Einfeldia*, proporciona uma visão clara da linhagem e da taxonomia de Chironomidae. No presente estudo, a filogenia molecular mostrou que *Einfeldia* estava mais relacionada com *Phortica* (Drosophilidae) do que com Culicidae e Ceratopogonidae, contrariamente à noção geral, o que é bastante interessante e uma nova observação.

REFERÊNCIAS

Abul-Nasr S, Isa AL, Kira MT e El-Tantawy AM. Biological studies on the bloodworms, *Chironomus* sp., injurious to rice seedlings in U.A.R. *Bulletin of the entomological society of Egypt,* 54 (7): 381-388, 1970.

Abul-Nasr S, Isa AL e El-Tantawy AM. Medidas de controlo dos vermes sanguíneos, *Chironomus* sp., em viveiros de arroz. *Boletim da Sociedade Entomológica do Egito,* 4(13): 127-133, 1970.

Adams A. Cryptobiosis in Chironomidae (Diptera). *Antenna,* 8 (6): 58-61, 1985.

Al-Shami S, Rawi CS, Nor SA, Ahmad AH e Ali A. Morphological deformities in *Chironomus* spp. larvae as a tool for impact assessment of anthropogenic and environmental stresses on three rivers in the Juru River system, Penang, Malaysia. *Environ. Entomol.* 39 (1): 210-222, 2010.

Alfred JRB. Sobre a alimentação de *Chironomus costatus* (Chironomidae: Diptera) de uma lagoa de água doce pouco profunda no Sul da Índia. *Freshwater Biology,* 4 (7): 337-342, 1974.

Alfred JRB e Michael RG. Citotaxonomia de três espécies da família Chironomidae. *Rec. zool. Surv. India* 86: 183-186, 1990.

Ali A. Diel adult eclosion periodicity of nuisance Chironomid midges of central Florida, *Environmental Entomology,* 9 (13): 365-70, 1980.

Ali A. Nuisance Chironomids and their control: a review. *Bull. Ent. Soc. Amer.,* 26 (1): 3-16, 1980.

Ali A. Seasonal changes of larval food and feeding of *Chironomus crassicaudatus* (Diptera: Chironomidae) in a subtropical lake. *Journal of the American mosquito Control Association,* 6 (13): 84-108, 1990.

Ali A e Mulla MS. Avaliação da planária *Dugesia dorotocephala,* como predador de mosquitos e mosquitos Chironomid em tanques experimentais. *Mosquito News,* 43 (13): 46-49, 1983.

Ali A, Stafford SR e Fowler RC. Atração de Chironomidae (Diptera) adultos por luz incandescente em condições laboratoriais. *Environmental Entomology,* 13(13): 1004-1009, 1984.

Ali A, Stanley BH e Stafford SR. Emergência diária a curto prazo de Chironomidae adultos de um lago natural e de um reservatório artificial. *Environmental Entomology,* 12(13): 765-767, 1983.

Anderson NH. Xylophagous Chironomidae from Oregon streams. *Insectos Aquáticos,* 11(7): 33-45, 1989.

Armitage PD. Os Tanytarsini (Diptera, Chironomidae) de um lago florestal pouco profundo no Sul da Finlândia, com especial referência ao efeito das condições de inverno nas larvas. *Ann. Zool. Fenn.,* 7: 313-322, 1970.

Armitage PD, Cranston PS e Pinder LCV. The Chironomidae: Biology and ecology of non-biting midges.1st ed. Londres, *Chapman and Hall,* pp.1538, 1995.

Ashe P. A catalogue of Chironomid genera and sub genera of the world including synonyms (Diptera: Chironomidae). *Ent. Scand. Suppl.,* 17:1-68, 1983.

Ashe P, Murray A e Reiss F. The zoogeographical distribution of Chironomidae (Insecta: Diptera). *Annls. Limnol.* 23 (1): 27-60, 1987.

Bamniya BR, Kapasya V e Kapoor CS. Estudos fisiológicos e bioquímicos sobre o efeito de águas residuais em plantas de culturas selecionadas. *Biological forum- An International Journal.* 2(2): 1-3, 2014.

Baranov V, Anderson T e Perkovsky E. A new genus of Podonominae (Diptera: Chironomidae) in Late Eocene Rovno amber from Ukraine. *Zootaxa* 3794 (4): 581-586, 2014

Barbosa F, Galden N e Callisto M. Avaliação da biodiversidade de macroinvertebrados bentônicos em ecossistema altudinal da Serra do Cipo (MG Brasil). *Revista Brasileira de Biologia,* 61(2): 239-248, 2001.

Bath JL e Anderson DL. Larvae of seventeen species of Chironomid midges from Southern California (Diptera). *J. Kansas Ent. Soc.,* 12: 154176, 1969.

Baur X. A hemoglobina dos quironomídeos. Um alergénio importante para os seres humanos. *Chironomus,* 2(14): 24-5, 1982.

Baur X, Aschauer H, Mazur G, Dewair M, Prelicz H e Steigemann W. Estrutura e determinantes antigénicos de alguns alergénios de insectos clinicamente importantes: Chironomid haemoglobins. *Science,* 233: 351-354, 1986.

Bazerque MP, Laville H e Brouquet Y. Avaliação da qualidade biológica em dois rios das planícies do norte de França (Picardie), com especial referência aos índices de quironomídeos e diatomáceas. *Ata. Biol. Debr. Oecol. Hung.,* 3: 29-39, 1989.

Bazzanti M e Bambacigno F. Chironomids as water quality indicators in the river Mignone (Central Italy). *Boletim Hidrobiológico,* 21(15): 213222, 1987.

Beck WM e Beck EC. Os estádios imaturos de alguns Chironomini (Chironomidae). *Q. J. Fla. Acad. Sci.,* 33 (1): 29-42, 1970.

Belikov S e Wieslander L. Melhoria da preservação da estrutura da cromatina em células fixadas em etanol. *Nucleic acids res.* 22 (10): 1928-1929, 1994.

Benson DJ, Fitzpatrick LC e Pearson WD. Production and energy flow in the benthic community of a Texas pond. *Hydrobiologia,* 74, 81-93, (11), 1980.

Berg MB e Hellenthal RA. Papel dos Chironomidae no fluxo de energia de um ecossistema lótico. *Jornal Holandês de Ecologia Aquática,* 26 (7), 471-476, 1993.

Bergtrom G, Laufer H e Rogers R. Fat body: Um local de síntese de hemoglobina em *Chironomus thummi* (Diptera). *J. Cell Biol.* 69: 264-274, 1976.

Bhaduri S, Sarkar P, Ghosh C e Midya T. Response of the Chironomid larvae to the environmental condition: Um estudo sobre os cromossomas politénicos de *Chironomus striatipennis* (Kieffer). *The Ecoscan* 5: 7580, 2011.

Bhattacharyay G, Mazumdar A e Chaudhuri PK. Morfologia de *Stictochironomm polystictus* (Kieffer) da Índia (Diptera: Chironomidae). *Polskie Pismo Ent.,* 65: 319-326, 1996.

Bhattacharya G, Mazumdar A e Chaudhuri PK. Incidência de larvas *de Chironomus* deformadas em sedimentos contaminados do rio Damodar, Bengala Ocidental (Diptera: Chironomidae). *Poll. Res.,* 18 (1): 79-82, 1999.

Bhattacharyay G, Sadhu AK, Mazumdar A e Chaudhuri PK. Antennal deformities of Chironomid larvae and their use in biomonitoring of heavy metal pollutants in the river Damodar of West Bengal, India. *Environmental Monitoring and Assessment,* 108: 67-84, 2005.

Bhosale PR, Chavan RJ e Gaikwad AM. Estudos sobre a distribuição e diversidade das larvas de Chironmidae (Insecta: Diptera) relativamente à qualidade da água no lago Salim Ali, Aurangabad Índia. *The Bioscan* 7(2): 233-235, 2012.

Biever KD. Effect of diet and competition in laboratory rearing of Chironomid midges. *Annals of the Entomological Society of America,* 64 (17): 1166-1169, 1971.

Bisthoven, JL, Timmermans KR and Ollevier F. The concentration of cadmium, lead, copper and zinc in *Chironomus thummi* larvae with deformed versus normal menta. *Hydrobiologia,* 239: 141-149, 1992.

Bisthoven JL. Biomonitorização com deformações morfológicas em organismos aquáticos. In: Garhardt, A. (ed.). Biomonitorização de águas poluídas, *Envir. Res. Forum,* 9: 65-94, 2000.

Bjarnov N. Carbohydrases in *Chironomus, Gammarus* and some Trichoptera larvae. *Oikos,* **23 (7):** 261-263, 1972.

Boggero A, Zaupa S and Rossaro B. *Pseudosmittia fabioi* sp. n., a new species from Sardinia (Diptera: Chironomidae, Orthocladiinae). *J. Entomol. Acaro.l Res.* 46: 1892, 2014.

Booth JP e Learner MA. A parasitização de Chironomid midges (Diptera) por larvas de ácaros da água (Hydracarina: Acari) num reservatório eutrófico no Sul do País de Gales. *Archiv fur Hydrobiologie,* 84 (12): 1-28, 1978.

Brackenbury J. Locomotory modes in the larva and pupa of *Chironomus plumosus* (Diptera, Chironomidae). *J. Insect Physiol.* 46: 1517-1527, 2000.

Brasch J, Bruning H e Paulke E. Allergic contact dermatitis from Chironomids. *Contact Dermatitis,* 26 (6): 317-320, 1992.

Brennan A e McLachlan AJ. Tubes and tube-building in a lotic Chironomid (Diptera) community. *Hydrobiologia,* 67 (7): 173-178, 1979.

Brock EM. Mutualismo entre o mosquito *Cricotopus* e a alga *Nostoc. Ecology,* **41 (7):** 474-483, 1960.

Brodin YW e Gransborg M. Responses of insects, especially the Chironomidae (Diptera), and mites to 130 years of acidification in a Scottish lake. *Hydrobiologia,* 250: 201-212, 1993.

Brooks SJ. Fossil midges (Diptera: Chironomidae) as palaeoclimatic indicators for the Eurasian region. *Quaternary Science Reviews,* 25: 18941910, 2006.

Brooks SJ e Birks HJB. Chironomid-inferred late-glacial and early- Holocene mean July air temperatures for Krakenes Lake, western Norway. *Journal of Paleolimnology,* 23 (1): 77-89, 2000.

Burfield I e Williams DN. Control of parthenogenetic Chironomid with pyrethrins. *Water Treatment and Examination,* 24 (13): 57-67, 1975.

Burtt ET, Perry RJO e McLachlan AJ. Feeding and sexual dimorphism in adult midges

(Diptera: Chironomidae). *Holarctic Ecology,* 9 (9): 27-32, 1986.

Campbell, B. C. and Denno, R. F. The structure of aquatic insect community associated with inter tidal poles on a New Jersey salt marsh. *Ecol. Ent.,* 3: 181-187, 1978.

Carew ME, Pettrigrove V e Hoffman AA. Identificação de Chironomids (Diptera: Chironomidae) para monitorização biológica com PCR-RFLP. *Bull. Ent. Res.,* 93:483-490, 2003.

Casas JJ. O efeito da qualidade da dieta no crescimento e desenvolvimento de larvas recém-eclodidas de *Chironomus gr. plumosus. Limnetica* 12 (1): 1-8, 1996.

Caspary VG e Downe AER. Swarming and mating of *Chironomus riparius* (Dipt., Chironomidae). *Canadian Entomologist,* 103 (9): 444-448, 1971.

Chattopadhyay S e Chaudhuri PK. *Paratendipes unimaculipennis,* um novo mosquito quironomíneo da Índia (Diptera: Chironomidae). *Proc. Zool. Soc. Calcutta,* 46(1): 51-53, 1993.

Chattopadhyay S, Dutta TK e Chaudhuri PK. Morfologia e biologia de *Polypedilum nubifer* (Skuse) da Índia (Diptera: Chironomidae). *J. Bengal Nat. Hist. Soc.,* 7(2): 29-41, 1988.

Chattopadhyay S, Mazumdar A e Chaudhuri PK. Estádios de vida e biologia de *Chironomus samoensis* Edwards (Diptera: Chironomidae). *Proc. Nat. Acad. Sci. India, 61(B).* 111: 291-301, 1991.

Chaudhuri PK and Chattopadhyay S. Life stages of *Glyptotendipes barbipes* (Staeger) with a brief account of silk spinning by the larva. *Ata. Biol. Paraná,* 16: 15-29, 1987.

Chaudhuri PK e Chattopadhyay S. Chironomids of the rice paddy areas of West Bengal, India (Diptera: Chironomidae). *Tijdschr. Ent.,* 133(2): 149-195, 1990.

Chaudhuri PK, Das SK e Sublette JE. Espécies indianas do género *Chironomus* Meigen (Diptera: Chironomidae). *Zool. Jb. Syst.,* 119: 1-51, 1992.

Chaudhuri PK, Guha DK e Das Gupta SK. Estudos taxonómicos de Chironomidae (Diptera: Chironomidae) da Índia. O género *Polypedilum* Kieffer. *Tijdschr. Ent.,* 124 (4): 111-147, 1981.

Chaudhuri PK, Hazra N e Alfred JRB. A checklist of Chironomid midges (Diptera: Chironomidae) of the Indian subcontinent. *Oriental Insects* 35: 335-372, 2001.

Chavan RJ, Gaikwad AM, Shinde LV e Shonune BV. Estudos sobre a taxonomia do género *Chironomus* (Meigen 1803) (Insecta: Chironomidae) de Balaghat Ranges no distrito de Beed em Maharashtra. *The Ecoscan* 4: 117-121, 2013.

Cheng JL e Collins JD. Observations on behaviour, emergence and reproduction of the marine midges *Pontomyia* (Diptera: Chironomidae). *Marine Biology (Berlin)*, 58 (9): 1-6, 1980.

Clark GM, Arthington AH e Pusey BJ. Fluctuating asymmetry of Chironomid larva as indicator of pesticide contamination of in fresh water environment. *In: Cranston, P. S. (ed.), From Gene to Ecosystem* 101-109, 1995.

Clement SL, Grigarick AA e Way MO. Condições associadas a lesões nas plantas de arroz causadas por Chironomid midges na Califórnia. *Environmental Entomology,* 6 (7): 91-96, 1977.

Coffman WP. Seasonal differences in the diel emergence of a lotic Chironomidae community. *Entomologisk Tidskrift (Suplemento),* 95 (9): 42-48, 1974.

Coffman WP. Caracteres negligenciados na morfologia pupal como ferramentas na taxonomia e filogenia de Chironomidae (Diptera). *Suplemento de Entomologica Scandinavica.* 10 (9): 37-46, 1979.

Correia LCS e Trivinho-Strixino S. Novas espécies de *Chironomus* Meigen (Diptera: Chironomidae: Chironominae) do Brasil. *Zootaxa,* 1504, 53-68, 2007.

Correia LCS, Trivinho-Strixino S e Michailova P. Uma nova espécie de *Chironomus* Meigen (Diptera: Chironomidae: Chironominae) de riachos poluídos do sudeste do Brasil. *Zootaxa,* 1130, 57-68, 2006.

Correia LCS, Susana TS e Michailova P. *Chironomus amissum* sp. n. (Diptera. Chironomidae) do sudeste do Brasil. *Biota. Neotrop.* 13 (4): 133-138, 2013.

Cota LR, Goulart MC, Moreno P e Callisto M. Assessment of river water quality using an adapted BMWP tool to evaluate ecosystem health. *Verh. Int. Ver. Limnol.* 28: 1713-1716, 2002.

Cranston PS. A non-biting midge (Diptera: Chironomidae) of horticultural significance. *Boletim de Investigação Entomológica,* 77 (14): 661-668, 1987.

Cranston PS. Allergens of non-biting midges (Diptera: Chironomidae): a systematic survey of Chironomid hemoglobin. *M edical and Veterinary Entomology,* 2 (14): 117-127, 1988.

Cranston PS. The Chironomidae larvae associated with the Tsunami impacted water bodies of the coastal plain of Southwestern Thailand. *Boletim Raffles de Zoologia,* 55, (2): 231-244, 2007.

Cranston PS. Um novo género e uma nova espécie de Chironominae com larvas de minas de madeira. *Aust. J. Entomol.* 45: 227-234, 2006.

Cranston PS. Biomonitorização e taxonomia de invertebrados. *Environ. Monitor. Assess.,* 14: 265-273, 1990.

Cranston PS. Guia eletrónico de Chironomidae da Austrália, 2001.

Cranston PS and Nolte U. *Fissimentum,* a new genus of drought-tolerant Chironomini (Diptera: Chironomidae) from the Americas and Australia. *Entomological News,* 107: 1-15, 1996.

Credland PF. Um método simples de recolha de ovos de alguns Chironomidae (Diptera). *Revista Mensal do Entomologista,* 109 (9): 126-127, 1973.

Credland PF. Um novo método para estabelecer uma cultura laboratorial permanente de *Chironomus riparius* Meigen (Diptera: Chironomidae). *Freshwater Biology,* 3 (17): 45-51, 1973.

Danks HV. Some effects of photoperiod, temperature, and food on emergence in three species of Chironomidae (Diptera). *C anadian Entomologist,* 110 (9): 289-300, 1978.

Das N, Majumdar U, Majumdar A e Hazra N. estágios de vida de oito novas espécies de *Chironomus* Meigen (Diptera: Chironomidae: Chironominae) do Himalaia Oriental da Índia. *Oriental Insects,* DOI: 10.1080/00305316.2015.1101723, 2015.

Davies BR. Wind distribution of the egg masses of *Chironomus anthracinus* (Zett.) (Diptera: Chironomidae) in a shallow, wind exposed lake. *Freshwat, Biol,* 6: 421-424, 1976.

Devai G. Ecological background and importance of the change of Chironomid fauna (Diptera: Chironomidae) in shallow Lake Balaton. *Hydrobiologia,* 191 (15):189--198, 1990.

Devai G e Moldovan J. An attempt to trace eutrophication in a shallow lake (Balaton, Hungary) using Chironomids. *Hydrobiologia,* 103 (15): 169175, 1983.

Dodds WK e Marra JL. Comportamentos do mosquito *Cricotopus* (Diptera: Chironomidae) relacionados com o mutualismo com *Nostoc parmelioides* (Cyanobacteria).*Aquatic Insects,* 11 (7): 201-218, 1989.

Donna JA, Michel RN, David AZ, Carol G, Eugen W e Thomas MJ. Z-DNA de mão esquerda em bandas de cromossomas politénicos fixados em ácido. *Proc. Natl. Acad. Sci. USA* 80: 4344-4348, 1983.

Dordel HJ. The process of copulation in the marine Chironomid *Clunio marinus(Diptera).*

Canadian Entomologist, 103 (9): 404-406, 1971.

Downes JA. Os hábitos alimentares dos Chironomidae adultos. *Entomologisk Tidskrift (Suplemento),* 95 (9): 84-90, 1974.

Dutta T, Mazumdar A e Chaudhuri PK. Sobre duas novas espécies de *Endochironomus* Kieffer dos Himalaias de Bengala Ocidental. *Studia Dipterologica,* 1:253-260, 1994.

Dutta TK, Ali A, Majumdar A e Chaudhuri PK. Chironomid midges of *Harnischia* complex (Diptera: Chironomidae) from the duars of the Himalayas, India. *Eur. J. Entomol.* 93: 263-279, 1996.

Dykman E e Hann BJ. Emergência sazonal de Chironomids (Chironomidae: Diptera) em Delta Marsh. *Relatório da UFS (Delta Marsh),* 31: 16, 1996.

Edgar WD e Meadows PS. Case construction, movement, spatial distribution and substrate selection in the larvae of *Chironomus riparius* Meigen. *J. Exp. Biol.,* 50:247-253, 1969.

Ebau W, Rawi CS, Din Z e Al-Shami A. Toxicidade do cádmio e do chumbo em larvas de moscas tropicais, *Chironomus kiiensis tokunga* e *Chironomus javanus kieffer. Asian Pac. J. of Trop. Biomed.* 2 (8): 631-634, 2012.

Ebrahimnezhad M e Allabakhshi E. A study on Chironomidae larvae of Golpayegan River (Isfahan-Iraq) at generic level. *Irão. J. of Sci. and Technol.* A1: 45-52, 2013.

Edstrom JE e Beermann W. The base composition of nucleic acids in chromosomes, puffs, nucleoli and cytoplasm of *Chironomus* salivary gland cells. *J. Cell Bio.14,* 1962.

Eggermont H and Heiri O. The Chironomid-temperature relationship: expression in nature and palaeoenvironmental implications. *Biol. Rev.* 87: 430-456, 2012.

Epler JH. Identification manual for the larval Chironomidae (Diptera) of North and South Carolina, *1st ed. North Carolina Department of Environment and Natural Resources Division of Waterr Quality, USA* , pp.526, 2001.

Ewer RF. On the function of hemoglobin in *Chironomus. J.E.E.* 18 (3), 1942.

Fard MS, Pasmans F, Adriaensen C, Laing GD, Janssens GPJ e Martel A. Larvas de vermes sanguíneos Chironomidae como alimento para anfíbios aquáticos. *Zoo Biol.* 33: 221-227, 2014.

Ferrington LC, Coffman WP e Berg MB. Chirononomidae. In: An introduction to the aquatic insects of North America. *Merritt RW, Cummins KW, Berg MB (eds). Kendall and Hunt,* pp. 847-989, 2008.

Filippova, M. A., Kinknadze, I. I., Aimanova, K. G., Fischer, J. e Blinov, A. G. Homologia dos anéis de Balbiani entre espécies de Chironomidae e localização de um novo elemento móvel nos cromossomas politénicos. *Neth. J. Aquat. Ecol.,* 26 (2-4): 123-128, 1993.

Forsyth DJ. Distribution and production of *Chironomus* in eutrophic Lake Ngapouri. *New Zealand Marine and Freshwater Research,* 20 (11): 327335, 1986.

Forsyth DJ. Some New Zealand Chironomidae (Diptera). *J. R. Soc. Nova Zelândia.* 1 (2): 113-144, 1971.

Guha DK e Chaudhuri PK. Registo de *Polypedilum* Kieffer (Diptera;Chironomidae) no Butão e na Índia, com uma nova espécie da Índia. *J. Bomb. Nat. Hist. Soc.,* 79 (3): 635-638, 1983.

Guha DK e Chaudhuri PK. Sobre uma coleção de Chironominae do Tibete, China. *Bull, Zool. Surv,* 5: 23-29, 1984.

Guha DK e Chaudhuri PK. *Paratendipes hirsutus* sp.n. (Diptera: Chironomidae) da Índia. *Ata. Zool. Bulgarica,* 28: 60-62, 1985.

Guha DK e Chaudhuri PK. *Pentapedilum robusticeps* (Diptera: Chironomidae), uma nova espécie da Índia. *Bull. Zool. Surv. India.* 7 (2-3): 195-197, 1985.

Guha DK, Das SK, Chaudhuri PK e Choudhuri DK. Chironomid midges of the Andaman Islands (Diptera: Chironomidae). *Proc. Nat. Acad. Sci. India.* 55(B): 22-38, 1985.

Gunderina L. Conceção de marcadores moleculares para a identificação de espécies do género *Chironomus* (Diptera, Chironomidae). *Entomol. Rev.* 94(1): 140148, 2014.

Gunderina L, Golygina V e Broshkov A. Chromosomal organization of the ribosomal RNA genes in the genus *Chironomus* (Diptera, Chironomidae). *Comparative Cytogenetics,* 9(2): 201-220, 2015.

Gunjal AV e Chavan RJ. Estudos sobre a morfologia e o cariótipo de *Chironomus austin* (Chironomidae: Diptera) do distrito de Aurangabad (MS) Índia. *Revista Internacional de Ciências Aplicadas e Naturais,* 4(6):57-60, 2015.

Gunjal AV, Chavan RJ e Gaikwad. Estudos sobre a biologia, morfologia e cariótipo de *Chironomus stigmaterus* Say (Chironomidae: Diptera) de Aurangabad (M.S.) Índia. *Revista de Estudos de Entomologia e Zoologia* 3(5): 246-248, 2015.

Gusev O, Susetsugu Y, Cornette R, Kawashima T, Logacheva MD, Kondrashov AS, Penin AA, Hatanaka R, Kikuta S, Shimura S, Kahamori H, Katayose Y, Matsumota T, Shagimardanova E, Alexeev D, Govorun V, Wisecaver J, Mikheyev A, Koyanagi R,

Fujie M, Nishiyama T, Shigenobu S, Shibuta TF, Golygina V, Hasebe M, Okuda T, Satoh N e Kikawada T. A sequenciação comparativa do genoma revela a assinatura genómica da tolerância extrema à dessecação no mosquito anidrobiótico. *Nature Communications,* 5(4784):1-9, 2014.

Guryev V, Makarevitch I, Blinov A e Martin J. Phylogeny of the genus *Chironomus* (Diptera) inferred from DNA sequences of mitochondrial Cytochrome b and Cytochrome oxidase I. *Mol. Phylo e Evo.* 19(1): 9-21, 2001.

Habashy MM. Cultura de larvas de Chironomid em diferentes sistemas de alimentação. *Egito. J. aquat. Res.* 31 (2): 403-418, 2005.

Halpern M, Broza YB, Mittler S, Arakawa E e Broza M. Chironomid egg masses as a natural reservoir of *Vibrio cholera* Non-01 and Non-0139 in freshwater habitats. *Microbial ecol.* 47: 341-349, 2004.

Halpern M, Gancz H, Broza M e Kashi Y. A hemaglutinina/protease *de Vibrio cholerae* degrada as massas de ovos de Chironomid. *Appl. Environ. Microbiol.* 69 (7): 4200-4204, 2003.

Halpern M, Gasith A, Bresler VM e Broza M. A natureza protetora dos tubos larvares *de Chironomus luridus* contra o sulfato de cobre. *J. Insect Sci.* 2 (8), 2002.

Halvorsen GA. Chironomids as indicator of acidification. In: Raddum, G. G. Rosseland, B. 0. e Bowman, J. (ed.). Workshop sobre avaliação e monitorização biológica, avaliação e modelos. *ICP- Wat. Rep.* 50/99:73-79, NIVA, Oslo, 1999.

Hamilton AL e Saether OA. The occurrence of characteristic deformities in the Chironomid larvae of several Canadian lakes. *T he Canadian Entomologist,* 103 (15): 363-368, 1971.

Harnisch. Primare e sekundare oxybiose der larva von *Chironomus thummi. Z. vergl. Physiol.* 23, 391, 1936.

Hashimoto H. *Os Chironomus* do Japão. *Iden.* 31(4): 78 - 84, 1977.

Hashimoto H. Uma nova espécie *de Einfeldia* (Diptera: Chironomidae) do Japão. *Kontyu,* 53 (2): 360-365, 1985.

Hauer FR e Benke AC. Rapid growth of snag-dwelling Chironomids in a blackwater river: the influence of temperature and discharge. *Journal of the North American Benthological Society,* 10 (10): 154-164, 1991.

Hazra N, Mazumdar A e Chaudhuri PK. Estádios de vida de *Polypedilum* Kieffer (Diptera: Chironomidae) com uma nova espécie do género dos Himalaias de Darjeeling-Sikkim.

Belgian Entomology Journal 5:1-15, 2003.

Hein J e Schmulbach JC. Biologia das fases de pupa e imago de *Chironomus pallidivittatus* (Chironomidae: Diptera). *Proc. S.D. Acad. Sci.*, 51; 80-88, 1972.

Heinis F, Timmermans KR e Swain WR. Short-term sublethal effects of cadmium on the filter feeding Chironomid larva Glyptotendipes pallens(Meigen) (Diptera). *Aquatic Toxicology,* 16 (15): 73-86, 1990.

Henriques-Oliveira AL, Neissimian JL e Dorville LFM. Hábitos alimentares de larvas de Quironomídeos (Insecta: Diptera) de um riacho da Floresta da Tijuca, Rio de Janeiro, Brasil. *Braz. J. Biol.* 63 (2): 269-281, 2003.

Henrique R e Santos CM. A importância da excreção por larvas *de Chironomus* nas cargas internas de nitrogênio e fósforo em um pequeno reservatório urbano eutrófico. *Braz. J, Biol.* 68 (2): 349-357, 2008.

Hildrew AG, Townsend CR e Hasham A. The predatory Chironomidae of an iron rich stream: feeding ecology and food web structure. *Ecological Entomology,* 10 (12): 403-413, 1985.

Hirabayashi K, Nakazato R e Okino T. Estudos sobre Chironomids no lago Suwa (2) Adultos de midges como insectos incómodos e planos para o seu controlo. *Jap. J. Limnol.* 62: 139-150, 2001.

Hirabayashi K, Yamamoto M, Takeda M, Hanazato T e Nakamoto N. Flight behaviour of chironomid midges on the bank of Lake Suwa, Nagano Prefecture. *Pest.Control.Res.,* 18: 91-101, 2003.

Hiroaki N e Miyazaki M. Injury to rice leaves by Chironomid larvae (Diptera: Chironomidae). *Jornal Japonês de Entomologia e Zoologia Aplicada,* 30 (7): 66-68, 1986.

Hofmann W. The significance of Chironomid analysis (Insecta: Diptera) for paleolimnological research. *Palaeogeography, Palaeoclimatology, Palaeoecology,* 62 (16): 501-509, 1988.

Hudson PL. Habitats larvares invulgares e história de vida dos géneros Chironomid (Diptera). *Entomologica Scandinavica Supplement,* 29 (6): 369373, 1987.

Hudson LA e Cibrowski JH. Variação espacial e taxonómica da incidência de deformações das peças bucais em larvas de moscas (Diptera: Chironomidae: Chironomini). *Can. J. Fish. Aquat. Sci.,* 53: 297-304, 1996.

Hudson PL, Lenat DR, Caldwell BA e Smith D. Chironomidae of the Southeastern United

States: A checklist of species and notes on biology, distribution, and habitat. *Fish and Wildlife Research*, **7** (4): 1-46, 1990.

Comissão Internacional de Nomenclatura Zoológica. Código Internacional de Nomenclatura Zoológica. 4th ed. Londres, *International Trust of Zoological Nomenclature*, pp. 1-106, 1999.

Igarashi T, Murakami G, Adachi Y. Ocorrência comum em Toyama de asma brônquica induzida por Chironomid midges. *Jpn. Jpn. Exp. Med.,* 57: 19, 1987.

Ilkova J, Michailova P, Thomas A e White K. Genome instability of *Chironomus riparius* Mg. (Diptera, Chironomidae) from polluted water basins in Bulgaria. *Ecologia Balkanica.* 5: 1-8, 2014.

Izvekova El. Sobre os hábitos alimentares das larvas de Chironomidae. *Limnologica,* 8 (7): 201-202, 1971.

Janssens de Bisthoven LG, Timmermans KR e Ollevier F. The concentration of cadmium, lead, copper and zinc in *Chironomus gr.* Thummi larvae (Diptera, Chironomidae) with deformed versus normal menta. *Hydrobiologia,* 239 (15): 141-149, 1992.

Jernelov A, Nagell B e Svenson A. Adaptação a um ambiente ácido em *Chironomus* riparius (Diptera, Chironomidae) de Smoking Hills, NWT, Canadá. *Holarctic Ecology,* 4 (15): 116-119, 1981.

Johannsson OE e Beaver JL. Role of algae in the diet of *Chironomus plumosus f. semireductus* from the Bay of Quinte, Lake Ontario. *Hydrobiologia,* 107 (11): 237-247, 1983.

Jon Martin. Morfologia e citologia de espécies de *Chironomus* orientais. Departamento de Genética, Universidade de Melbourne, Victoria, Austrália.

Jonasson PM. Factores que determinam o tamanho da população de *Chironomus anthracinus* no lago Esrom. *Mitt.Int.Ver.Limnol.,* 13: 139-162, 1965.

Jonasson PM e Kristiansen J. Produção primária e secundária no lago Esrom. Crescimento de *Chironomus anthracinus* em relação ao ciclo sazonal do fitoplâncton e do oxigénio dissolvido. *Int. Revue ges. Hydrobiol. Hydrogr.,* 52: 163-217, 1967.

Kaufman MG, Pankratz HS e Klug MJ. Bactérias associadas ao espaço ectoperitrófico no intestino médio da larva do mosquito *Xylotopus* par (Diptera: Chironomidae). *Applied Environmental Microbiology,* 51 (7): 657660, 1986.

Kawai K e Konishi K. Estudos fundamentais sobre a alergia aos Chironomídeos I. Métodos de cultura de alguns Chironomídeos japoneses (Chironomidae, Diptera). *Jornal Japonês de*

Zoologia Sanitária, 37 (17): 47-57, 1986.

Kawai K, Nakama Shin-ichiro e Imabayashi H. Avaliação das comunidades de Chironomid fixadas nas placas de betão como qualidade da água. *Med. Entomol. Zool.*, 47 (1): 37-45, 1996.

Kawai K, Yamaagishm e Konishi KT. Utilidade das larvas de Chironomid como indicador da qualidade da água. *Jap. J.Sanit.Zool.*, 40:269-283, 1989.

Kiknadze II, Istomina AG, Wulker WF e Vallenduuk HJ. O cariótipo de *Chironomus uliginosus* Keyl. *Becmhuk BOTUC* 14 (1): 22-28, 2010.

Kobayashi T e Suzuki H. *Harnishia ohmuraensis* sp. nov. e o primeiro registo de *Parachironomus monochromus* (van der Wulp,1874) do Japão (Diptera: Chironomidae). *Med. Entomol. Zool.*, 50 (2): 79-84, 1999.

Kobayashi T, Suzuki H e Hayashi F. Variações inter e intra-específicas no tamanho do corpo e no padrão de marcação escutal em três espécies de *Conchapelopia* (Diptera:Chironomidae). Entomological Science 4(1): 3945, 2001.

Kohshima S. Um novo inseto tolerante ao frio encontrado num glaciar dos Himalaias. *Nature,* 310 (6), 225-227, 1984.

Kokkinn MJ. Identificação de duas espécies australianas de Chironomid de lagos salgados a partir de cápsulas de cabeça de larvas subfósseis. *Palaeogeography, Palaeoclimatology, Palaeoecology,* 54 (16): 317-328, 1986.

Kornijow R. Seasonal migration by larvae of an epiphytic Chironomid. *Biologia de Água Doce,* 27 (10): 85-89, 1992.

Krantzberg G e Stokes PM. Metal regulation, tolerance, and body burdens in the larvae of the genus *Chironomus. Canadian Journal of Fisheries and Aquatic Sciences*, 46 (15): 389-398, 1989.

Kukichi M e Sasa M. Studies on the Chironomid midges (Diptera: Chironomidae) of the Lake Toba area, Sumatra, Indonesia. *Jornal Japonês de Zoologia Sanitária*, 41 (4): 291-329, 1990.

Kumar A e Gupta JP. Cytogenetic studies of *Chironomus circumdatus* from India (Diptera: Chironomidae). *Genetica,* 82: 157-163, 1990.

Kutsenko A, Svensson T, Nuystedt B, Lundeberg J, Bjork P, Sonnhammer E, Giacomello S, Visa N e Wieslander L. The *Chironomus tentans* genome sequence and organization of the Balbiani ring genes. *BMC Genomics*, 15(819): 1-12, 2014.

Kuvangkadilok C. Estudos laboratoriais sobre o ciclo de vida e a reprodução dos mosquitos *Chironomus plumatisetigerus* (Diptera: Chironomidae). *J. Sci. Soc. Thailand* 20: 125-133, 1994.

Langton PH. Key to the pupal exuviae of British Chironomidae. *Publicação pessoal,* 1-315, 1984.

Langton PH. A Key to pupal exuviae of West Palearctic Chironomidae. *I bid.,* 1-386, 1991.

Lencioni V, Marziali L e Rossaro B. Diversidade e distribuição de Chironomids (Diptera, Chironomidae) em nascentes alpinas e pré-alpinas pristinas (Norte de Itália). *J. Limnol.* 70 (1): 106-121, 2011.

Lindegaard C and Machi P. Abundance, population dynamics and production of Chironomidae (Diptera) in an ultraoligotrophic lake in South Greenland, Netherlands. *Journal of Aquatic Ecology,* 26 (15): 297-308, 1993.

Linevich AA. K biologii komarov semeistva Tendipedidae "Biologiya bespozvonochnykh Baikala". *Trudy Limnologicheskogo Instituta,* 1, 3-48 (1), 1963.

Loden MS. Predação por larvas de Chironomid (Diptera) em Oligochaetes. *Limnology and Oceanography,* **19 (7):** 156-159, 1974.

M Ebrahimnezhad e F Fakhri. Taxonomic study of Chironomidae larvae of Zayandehrood River, Iran and effects of selected ecological factors on their abundance and distribution. *IJST* 29, 2005.

Madalena CRG, Diez JL e Gorab E. Estrutura da cromatina de genes de RNA ribossômico em Dipterans e sua relação com a localização de organizadores nucleolares. *Poison* 7 (8): e44006, 2012.

Majumdar TN e Gupta N. Acute and chronic toxicity of copper on aquatic insect *Chironomus ramosus* from Assam, India. *J. Environ. Biol.* 33: 139-142, 2012.

Makarchenko, E. A. (2003): A new species of Psectrocladius Kieffer (Diptera, Chironomidae, Orthocladiinae) from the south of Russian Far East. *Euroasian Entomological Journal,* 2 (1): 61-66, 2003.

Makarchenko, E. A. e Kobayashi, T. (1997): Diamesa amanoi sp. n., uma nova espécie de Diamesinae (Diptera Chironomidae) do Nepal, com notas sobre a taxonomia e a distribuição de alguns Diamesa Meigen. *Med. Entomol. Zool.,* 48 (1): 45-48, 1997.

Mancini ER. Uma relação fórica entre uma larva de Chironomida e um caracol operculado.

Entomological News, 90 (12): 33-36, 1979.

Marino M, Kasper de B, Michel A, Maxine B, Martijs JJ, Michiel HSK e Wim A. Response of the non-biting midge *Chironomus riparius* to multigeneration toxicant exposure. *Environ. Sci. Technol.* 46: 1210512111, 2012.

Martin J. Chromosomes as tools in taxonomy and phylogeny of Chironomidae (Diptera). *Entomologica Scandinavica, Suplemento,* 10 (3): 67-74, 1979.

Martin J e Sublette JE. A review of the Genus Chironomus (Diptera: Chironomidae) I IL *Chironomus yoshimatsui* new species from Japan. *Stud. Nat. Sci.* 1-59, 1972.

Martinez JL, Sanchez-Elsner T, Morcillo G e Diez JL. Heat shock regulatory elements are present in telomeric repeats of *Chironomus thummi. Nucleic acids res.* 29 (22): 4760-4766, 2001.

Matsuoka H, Ishii A, Kimura JY e Noono S. Developmental change of Chironomid allergen during metamorphosis. *Allergy,* 45 (14): 115-120, 1990.

Mazumdar A, Hazra N e Chaudhuri PK. Novas espécies de *Cladotanytarsus* Kieffer da região deltaica de Bengala Ocidental, Índia (Diptera: Chironomidae). *Orient. Ins.* 34:193-202, 2000.

Michaelova P. The polytene chromosomes and their significance to the systematics of the family Chironomidae. *Ata Zoologica Fennica,* 186, 1107, 1989.

Michailova P, Iikova J, Petrova N e White K. Rearranjos nos cromossomas das glândulas salivares de *Chironomus riparius* Mg. (Diptera: Chironomidae) após exposição ao chumbo. *Caryologia* 54: 349-363, 2001.

Michailova P, Petrova N, Sella G, Bovero S, Ramella L, Regoli F e Zelano V. Efeitos genotóxicos do crómio nos cromossomas politénicos de *Chironomus riparius Meigen* (Diptera: Chironomidae). *Caryologia* 54 (1): 59-71, 2001.

Michailova P, Sella G e Petrova N. Chironomids (Diptera) and their salivary gland chromosomes as indicators of trace-metal genotoxicity. *Ital. J. Zool.* 79 (2): 218-230, 2012.

Michailova P, Szarek-Gwiazda E, Kownacki A e Warchalowska- Sliwa E. Biodiversidade de Chironomidae (Diptera) e resposta do genoma a metais vestigiais no ambiente. *Pesticidas* 1-4: 41-48, 2011.

Michailova P, Warchalowska-Sliva E, Krastanov B e Kowncki A. Cytogenetic variability in species of genus *Chironomus* from Poland. *Caryologia* 58 (4): 345-358, 2005.

Midya T, Bhaduri S e Sarkar P. Failure in somatic pairing of 4th chromosome in *Chironomus striatipennis* Kieffer. *The Bioscan* 7 (2): 321324, 2012.

Midya T, Sarkar P e Bhaduri S. Efeito do chumbo como metal pesado no habitat aquático para promover o polimorfismo dos cromossomas politénicos em *Chironomus striatipennis* Kieffer (Diptera: Chironomidae). *The Ecoscan* 1: 173-178, 2012.

Midya T, Sarkar P, Bhaduri S e Ghosal SK. Um modelo sobre a estrutura e a organização do cromossoma politénico baseado no estudo de *Chironomus striatipennis* Kieffer (Diptera: Chironomidae). *The bioscan* 8(1): 21-21,2013.

Mo H, Yoo D, Bae Y e Cho K. Effects of water temperature on development and heavy metal toxicity change in two midge species of *Chironomus riparius* and *C. yoshimatsui* in an era of rapid climate change. *Entomol. Res.* 43: 123-129, 2013.

Montagna M, Mereghetti V, Lencioni V e Rossaro B. Integrated taxonomy and DNA barcoding of Alpine midges (Diptera: Chironomidae). *Plos one,* 11(3): 1-20, 2016.

Morais SS, Molozzi J, Viana TH e Callisto M. Diversidade de larvas de Chironomidae litorâneos e seu papel como bioindicadores em reservatórios urbanos de diferentes níveis tróficos. *Braz. J. Biol.* 70 (4): 995-1004, 2010.

Morcillo G e Diez JL. Puffing telomérico induzido por choque térmico em *Chironomus thummi. J. Biosci.* 2: 247-257, 1996.

Mozley SC. Caracteres negligenciados na morfologia larvar como ferramentas na taxonomia e filogenia de Chironomidae (Diptera). *Entomologica Scandinavica Supplement,* 10 (25): 27-36, 1979.

Mulla MS e Darwazeh HA. Avaliação de reguladores de crescimento de insectos contra quironomídeos em tanques experimentais. *Actas e documentos da Associação de Controlo de Mosquitos da Califórnia,* 43, 164-8, (13). 1975.

Mulla MS, Norland RL, Fanara DM, Darwazeh HA e McKean DW. Control of Chironomid midges in recreational lakes. *Journal of Economic Entomology,* 64 (13): 300-317, 1971.

Nagell B e Landahl CC. Resistência à anoxia das larvas *de Chironomus plumosus* e *Chironomus anthracinus* (Diptera). *Holarctic Ecology,* 1 (6): 333-336, 1978.

Nandi S, Aditya G, Chowdhury I e Saha GK. Chironomid midges as allergens: evidence from two species from West Bengal, Kolkata. *Índia. Indian J Med Res.* 129: 921-926, 2014.

Nazarova LB, Riss HW, Kahlheber A and Werding B. Some observation of buccal deformities in Chironomid larvae from the Cienga Grande De Santa Marta, Colombia.

Caldasia 26 (1): 275-290, 2004.

Neems R, McLachlan AJ e Chambers R. Body size and lifetime mating success of male midges (Diptera: Chironomidae). *Animal Behaviour,* 40 (9): 648-652, 1990.

Neems R, Lazarus J e McLachlan AJ. Swarming behavior in male Chironomid midges: a cost-benefit analysis. *Behavioural Ecology,* 3 (9): 285-290, 1992.

Nolte U and Hoffmann T. Life cycle of *Pseudodiamesa branickii* (Chironomidae) in a small upland stream. *Jornal Holandês de Ecologia Aquática,* 26 (10): 309-314, 1993.

Oliver DR. Descrição de *Einfeldia synchrona* n. sp. (Diptera: Chironomidae). *The Canadian Entomologist,* 103, pp 1591-1595, 1971.

Oliver DR. Life history of the Chironomidae. *A nnual Review of Entomology,* 16, 211-30, 1971

Ozkan N e Camur-Elipek B. A dinâmica das larvas de Chironomidae e a qualidade da água no rio Meric (Edirne/Turquia). *Tiscia* 55: 49-54, 2006.

Ozkan N, Camur-Elipek B e Moubayed BJ. Análise ecológica das larvas de Chironomid (Diptera, Chironomidae) na bacia do rio Ergene (Trácia turca). *Turk. J. Fish. Aquat. Sci.* 10: 93-99, 2010.

Palmen E. Estudos sobre a ecologia e a fenologia dos quironomídeos (Dipt.) do Norte do Báltico. *Allochironomus crassiforceps* K. *Suom hyont. Aikak.,* 28: 137-168, 1962.

Pandey J e Pandey U. Cynobacterial flora and Physico-chemical environment of six tropical fresh water lakes of Udaipur, India. *Journal of environmental sciences.* 141(1): 54-62, 2002.

Parise AG e Carlos de Pinho L. Uma nova espécie de *Stenochironomus* Kieffer, 1919 da Mata Atlântica no sul do Brasil (Diptera: Chironomidae. *Insetos Aquáticos,* DOI: 10.1080/01650420.2015.1115078, 2015.

Paul N, Hazra N e Mazumdar A. *Monopelopia mongpuense* sp. n., um mosquito fitotelmata da região sub-himalaiana da Índia (Diptera: Chironomidae: Tanypodinae). *Zootaxa.* 3802 (1): 122-130, 2014.

Pennuto CM. Efeito do comportamento do movimento larvar e da densidade no sucesso da emergência e no tamanho do corpo do adulto de um *mosquito* comensal, *Aquat.Ecol,* 34:177-184, 2003.

Pery ARR, Mons R, Flammarion P, Lagadic L e Garric J. A modeling approach to link food availability, growth, emergence, and reproduction for the midge *Chironomus riparius.*

Environ. Toxicol. Chem. 21 (11): 25072513, 2002.

Petrova NA e Zhirov SV. Cromossomas politénicos de glândulas salivares de Chironomidae (Diptera: Chironomidae) da Ilha Wrangel (Rússia). *Comparative Cytol.* 2 (2): 127-13, 2008.

Petrova NA e Zhirov SV. Caraterísticas dos cariótipos de três subfamílias de Chironomids (Diptera, Chironomidae: Tanypodinae, Diamesinae, Prodiamesinae) da fauna mundial. *Entomol. Rev.* 94(2): 157165, 2014.

Petrova NA, Zhirov SV, Maria VH e Karine VH. Citotaxonomia e morfologia das larvas de Chironomidae (Diptera, Chironomidae) na Arménia. *Int. J. Med. and Biol. Sci.* 6, 2012.

Pfenninger M and Nowak C. Reproductive isolation and ecological niche partition among larvae of the morphologically cryptic sister species *Chironomus riparius* and *Chironomus piger. Poison* 3 (5): e2157, 2008.

Pinder LCV. Biologia de Chironomidae de água doce. *Ann. Rev. Ent.,* 31: 123, 1986.

Pinder AM, Trayler KM, Mercer JW, Arena J e Davis JA. Diel periodicities of adult emergence of some Chironomids (Diptera: Chironomidae) and a mayfly (Ephemeroptera: Caenidae) at a Western Australian wetland. *Journal of the Australian Entomological Society,* 32 (9): 129-135, 1993.

Plociennik M, Dmitrovic D, Pesic V e Gadawski P. Padrões ecológicos das assembleias de Chironomidae em Dynaric Karst Springs. *Conhecimento e Gestão de Ecossistemas Aquáticos,* 417(11):1-19, 2016.

Postma JF, Buckert-de Jong MC, Staats N e Davids C. Chronic toxicity of Cadmium to *Chironomus riparius* at different food levels. *Arch. Environ. Contam. Toxicol.* 26: 143-148, 1994.

Pramual P, Gomontean B, Buasay V, Srikhamwiang N, Suebkar P, Niamlek C, Donsinphoem Y e Chalat-Chieo K. Population cytogenetics of *Chironomus circumdatus* Kieffer, 1921 (Diptera, Chironomidae) from Thailand. *Genetica* 135: 51-57, 2008.

Prelicz H, Baur X, Dewair M, Tichy HK, Tee RD e Cranston PS. Persistência da alergenicidade e antigenicidade da hemoglobina durante a metamorfose de Chironomidae (Insecta: Diptera). *International Archives of Allergy and Applied Immunology,* 79 (14): 72-76, 1986.

Qi S, Lin X, Liu Y e Wang X. Duas novas espécies de *Stenochironomus* Kieffer (Diptera, Chironomidae) de Zhejiang, China. *Zookeys,* 479: 109119, 2015.

Rae JG. Chironomid midges as indicators of organic pollution in the Sciotio River Basin, Ohio. *The Ohio Journal of Science,* 89 (15): 5-9, 1989.

Rathore DS and Ashiya P. Physico chemical analysis of water of Ayad River at Udaipur, Rajasthan (india). *Revista internacional de investigação inovadora em Ciência, Engenharia e Tecnologia.* 3(4): 11660-11667, 2014.

Ree H. Seis espécies novas e duas espécies recentemente registadas de Chironomidae (Insecta: Diptera) na Coreia. *Entomol. Res.* 43: 322-329, 2013.

Ree HI e Kim MS. Estudos sobre Chironomidae (Diptera) coreanos III. Descrição de duas espécies não registadas na Coreia e de três espécies novas. *The Korean J. Syst. Zool.,* 2: 13-24, 1988.

Reiss F. Die Chironomiden fauna des Mumuer Mooses in Oberbayern (Insecta, Diptera). *Entomofauna Suppl.* 1: 263-288, 1974.

Reynolds SK e Ferrington LC. Differential morphological responses of Chironomid larvae to severe heavy metal exposure (Diptera: Chironomidae), *J. Kansas Ent. Soc.,* 75 (3): 172-184, 2002.

Richardi VS, Vincentini M, Rebechi D, Favaro LF e Navarro-Silva MA. Caracterização morfo-histológica de imaturos do mosquito bioindicador *Chironomus sancticaroli* Strixino e Strixino (Diptera, Chironomidae). *Rev Brasil. Entomol,* DOI: 10.1016/j.rbe.2015.07.003, 2015.

Rico E e Quesada A. Distribution and ecology of Chironomids (Diptera, Chironomidae) on Byers Peninsula, Maritime Antarctica. *Antarct. Sci.* 25 (2): 288-291,2013.

Roque FO e Trivinho-Strixino S. Quatro novas espécies de *Endotribelos Grodhaus,* um gênero de Quironomídeos frugívoros caídos comum em riachos brasileiros (Diptera: Chironomidae: Chironominae). *Estudos de Fauna Neotropical e Meio Ambiente,* 43: 191-207, 2008.

Rossaro B. Chironomid communities as water quality indicators. *Holarct. Ecol.* 2:65-72, 1979.

Rovira C, Beerman W e Edstrom JE. Uma sequência de ADN repetitiva associada aos centrómeros de *Chironomus pallidivittatus. Nucleic acids res.* 21 (8): 1755-1781, 1991.

Ruse LP e Wilson RS. The monitoring of river water quality within the Great Ouse Basin using the Chironomid exuvial analysis technique. *Controlo da poluição da água,* 83 (15): 116-135, 1984.

Saether OA. Glossário da terminologia da morfologia dos Chironomídeos (Diptera: Chironomidae). *Entomologica Scandinavica Supplement.* 14: 1-51, 1980.

Saether OA. Filogenia das subfamílias de Chironomidae (Diptera). *Syst. Entomol.* 25: 393-403, 2000.

Saether OA and Willasse E. Four new species of *Diamesa* Meigen, 1835 (Diptera: Chironomidae) from the glaciers of Nepal. *Entomologica Scandinavica Supplement,* 29, 189-203. [1][6], 1987.

Saha D and Mazumdar A. Deformities of *Chironomus* sp. larvae (Diptera: Chironomidae) as indicator of pollution stress in rice fields of Hooghly District, West Bengal. *JTBSRR* 2 (2): 44-54, 2013.

Saha D and Mazumdar A. The use of head capsule deformities in Chironomid larvae (Diptera: Chironomidae) to assess environmental pollution in rice fields of Hooghly District, West Bengal, India. *IJISET* 1(5): 1-8, 2014.

Sanseverino AM e Nessimian JL. A alimentação de larvas de Chironomidae (Insecta, Diptera) em liteira submersa em um riacho da Mata Atlântica (Rio de Janeiro, Brasil). *Ata Limnol. Bras.* 20 (1): 15-20, 2008.

Sari A, Duran M, Sen A e Bardakci F. Investigação das relações de Chironomidae (Diptera) usando o gene mitocondrial COI. *Biochemical Systematics and Ecology,* 59: 229-238, 2015.

Sasa M. Studies on the Chironomid midges (Diptera: Chironomidae) of the Nansei Islands, southern Japan. *Jornal Japonês de Medicina Experimental,* 60 (4):111-165, 1990.

Sastri CA. Indicador biológico da qualidade da água. In: Processos biológicos no controlo da poluição. In: P. Leh. R. e Gavindan V. S. (eds.). *Centro de Estudos Ambientais. Studies. Universidade de Anna, Madras.* 8-25, 1988.

Sharma MR e Gupta V. Morphological identification of *Chironomus* larvae in Jaipur district (Rajasthan) India. *Revista Internacional de Investigação Científica* 3(9):411-413, 2014.

Sharma R, Sharma V, Sharma MS, Verma BK, Modi R e Gaur KS. Estudos sobre as caraterísticas limonológicas, diversidade planctónica e peixes (espécies) no Lago Pichola, Udaipur, Rajasthan (Índia). *Revista Universal de Investigação e Tecnologia Ambiental.* 1(3): 274-285, 2014.

Silva FL, Ruiz SS, Bochini GL e Moreira DC. Hábitos alimentares funcionais de larvas de Chironomidae em um sistema lótico da região Centro-Oeste do Estado de São Paulo, Brasil.

Panam. J. Aquat. Sci. 3 (2): 135-141, 2008.

Singh S e Kulshrestha AK. *Chironomus bharati* n.sp. e *C. uttarpradeshensis* n.sp. da Índia (Diptera: Chironomidae). *Ent. scand.* **7**: 155-158, 1976.

Siri A and Brodin Y. Cladistic analysis of *Rheochlus* and related genera, with description of a new species (Diptera: Chironomidae: Podonominae). *Ata Entomol. Musei Nat. Pra.* 54 (1): 361-375, 2014.

Soon-Mi Lee, Se-Bum Lee, Chul-Hwi Park e Jinhee Choi. Expressão dos genes da proteína de choque térmico e da hemoglobina em larvas *de Chironomus tentans* expostas a vários poluentes ambientais: A potential biomarker of freshwater monitoring. *Chemosphere* 65: 1074-1081, 2006.

Soponis AR e Russell CL. Larval Drift of Chironomidae (Diptera) in a North Florida Stream. *Aquatic Insects,* 6 (5): 191-195, 1984.

Sulistiyarto B, Christiana I e Yuiintine. Desenvolvimento da técnica de produção de bloodworm (larvas de Chironomid) em águas de várzea para alimentação de peixes. *Int. J. Fish. Aquac.* 6(4): 39-45, 2014.

Sublette JE. Chironomid midges as the cause of bronchial asthma. *Kankyo Eisei.* 32: 8-14, 1985.

Sublette JE e Sublette MS. Família Chironomidae- *In*: Delfinado, M. e Hardy, E. D. (eds.): Catalogue of the Diptera of the Oriental region, 1: 289-422, Suborder Nematocera. Hawaii, 1973

Thienemann A. *Chironomus.* Leben, Verbreitung und wirtshaftliche Bedeutung der Chironomiden. *Binnengewasser,* 20, 834, 1954.

Thompson PE e Bowen JS. Interações de factores sexuais primários diferenciados em *Chironomus tentans. Genetics* 70: 491-493, 1971.

Timmermans KR, Peeters W e Tonkes M. Cadmium, zinc, lead and copper in *Chironomus riparius* (Meigen) larvae (Diptera; Chironomidae): uptake and effects. *Hydrobiologia,* 241, 119-34, (15), 1992.

Tokeshi M. Sobre os hábitos alimentares de *Thienemannimyia jestiva* (Diptera: Chironomidae). *Aquatic Insects,* 13, 9-16, (12), 1991.

Vedamanikam VJ, Bandara A e Boncoeur P. A study on the effects of four heavy metals on five species of *Chironomus* larvae present on Mahe Island of Seychelles. *Toxicol. Environ. Chem.* DOI: 10.1080/02772248.2013.862388.

Wang B e Yang L. Bioassessment of Qinhua River using a river biological index. *Ata. Ecol. Sin.* 23: 2082-2091, 2003.

Warwick WF. Palaeolimnology of the Bay of Quinte, Lake Ontario: 2800 years of cultural influence. *Boletim Canadiano de Pescas e Ciências Aquáticas,* 206, 1-117, [16], 1980.

Warwick WF. A utilização de deformações morfológicas em larvas de Chironomid (Diptera: Chironomidae) para a monitorização de efeitos biológicos. *Environ. Can. IWD Scientific Series No. 173, NHRI Paper No.* 43:1-34, 1990.

Warwick WF. The effect of Trophic/contaminant interaction on Chironomid community structure and succession (Diptera: Chironomidae). *Neth. J. Aquat. Ecol.* 26(2-4): 563-575, 1992.

Wulker WF, Kiknadze II e Istomia AG. Cariótipos de espécies de *Chironomus* Meigen (Diptera: Chironomidae) de África. *Comp. Cytogenetics* 5 (1): 23-48, 2011.

Xin Qi, Xiaolong Lin e Xinhua Wang. Uma nova espécie do género *microtendipes* Kieffer, 1915 (Diptera, Chironomidae) da China Oriental. *Zookeys* 212: 81-89, 2012.

Xing Li e Xin-hua Wang. Novas espécies e registos de *Metriocnemus* van der Wulp s. str. da China (Diptera, Chironomidae). *Zookeys* 387: 7387, 2014.

Printed by Books on Demand GmbH, Norderstedt / Germany